BIAD 2017 优秀工程设计

北京市建筑设计研究院有限公司　主编

U0285524

中国建筑工业出版社

编制委员会	徐全胜	张　宇	郑　实	邵韦平
	陈彬磊	徐宏庆	孙成群	
主　　编	邵韦平			
执行主编	郑　实	柳　澎	杨翊楠	王舒展
美术编辑	康　洁			
建筑摄影	杨超英	傅　兴	陈　鹤	夏　至
	王祥东	陈俊伟	陈　溯	

序

2017 年是北京市建筑设计研究院有限公司（BIAD）走过的第 68 个年头，对于专注于设计主业的 BIAD 而言，评选年度优秀工程是一项非常重要的技术总结工作，也是对过去一年公司主业成就的一次检阅。为了记录 BIAD 的设计成就，让更多的人了解和分享 BIAD 的技术经验，我们将获 2017 年度优秀工程一、二等奖的项目成果汇集成册正式出版。作品集收录的每一个获奖工程都凝聚了设计团队的心血和汗水，也展示了 BIAD 人"设计创造价值"的专业能力。

为此，评委会制订合理的评判标准，以项目申报资料与回访实际效果为依据，从 BIAD 品牌建设高度出发，对建筑的创作理念、社会贡献、技术创新、功能布局、造型设计、结构选型和机电系统合理、经济环保、工程控制力与完成度、使用感受等多方因素进行了全面综合的评估，务求使评选结果客观、公正。

这些获奖作品，来自 24 个主申报部门，共 54 项列入年度评选，其中公共建筑 36 项，居住区规划及居住建筑 8 项，城市规划 2 项，绿色建筑专项 1 项，室内专项 5 项，防火专项 2 项；独立设计项目 46 项占 85.2%。

其中，涌现了一批高品质并具有突出社会影响力的建筑作品，表现出较高的完成度和专业整合能力，如：珠海歌剧院——技术系统复杂度高，设计、建造难度大，表现出较高的技术应用与整合能力，建成后经受 17 级强台风灾害考验，社会评价度高、效益显著。第 11 届 G20 峰会主会场（杭州国际博览中心改造）——根据特殊功能需求，对原有建筑功能布局、流线做了较大调整，改造部分的建筑外观和室内设计利用中国传统文化元素表现出特定的文化属性，彰显了 G20 会场的功能特性和文化底蕴。青岛北站——功能流线合理、简洁，建筑表现、功能布局、结构形式、各专业技术应用的整合度高，结构表现力强，在整体性能和细节表达等方面都体现出较高设计品质。

对中国整个社会发展来讲，2017 年是意义重大的一年。我们正处于一个充满机遇和挑战的新时代，BIAD 身处社会洪流当中，要应势而动。"民族复兴、文化自信"为我们指明了核心理念，"由高速增长阶段转向高质量发展阶段"为我们指出了方向和要求；"一带一路"为我们开辟了新的国际化舞台……社会责任、品质追求是 BIAD 的宗旨，也是 BIAD 基业长青的源动力所在。 2018 年是贯彻落实党的"十九大"精神的开局之年，是实施公司"十三五"规划承上启下的关键一年。2017 年 9 月发布的新版北京城市总体规划，规划根据首都城市战略定位，明确发展目标、规模和空间布局；提出首都风范、古都风韵、时代风貌的城市特色；对全面提升建筑设计水平提出了新要求——提出重视建筑的文化内涵，加强单体建筑与周围环境的融合，努力把传承与创新有机结合起来，打造能够体现北京历史文脉、承载民族精神、符合首都风情、无愧于时代和人民的精品建筑；加强公共空间人性化设计，建筑设计要把控基调，体现多样性，避免贪大、媚洋、求怪。新版北京城市总体规划将是未来一个时期 BIAD 建筑设计工作重要的方向标。

2017 年，BIAD 在工程设计方面所成就的一批有影响力的建筑作品，续写着"设计主业"新的辉煌。在此，向所有为 BIAD 品牌建设付出艰辛努力的各位同事表示衷心的敬意和感谢！当然也应看到，我们仍有很长的路要走。原创设计是 BIAD 品牌的核心，是立足之本；专业化、精细化设计是我们坚持的方向；更高的建筑品质是我们永不停息的追求；建筑服务社会是我们的理念和宗旨。所有这一切都需要我们倾注更多的心血，社会的期望、市场的压力都应成为我们不断前行的动力，BIAD 品牌还需要我们发扬光大。我们也希望通过"优秀工程作品集"的出版，让追求卓越的 BIAD 设计精神得到弘扬，并激励年轻的 BIAD 设计师不断提高创作优秀作品的能力，用自己的专业技能服务社会，创造价值！

BIAD 执行总建筑师　邵韦平

目录

珠海歌剧院

一等奖 • 剧场

建设地点 • 珠海市野狸岛填海区	建筑高度 • 90.00 m	
用地面积 • 5.77 hm²	设计时间 • 2012.08	
建筑面积 • 5.90 万 m²	建成时间 • 2016.12	

建筑呈两片竖起的贝壳状形体，内部包裹各剧场功能体量，白色铝合金网板外饰构造层，内层玻璃幕墙外围护体系；包括 1550 座大剧院、550 座多功能剧院、室外剧场预留及旅游、餐饮、服务设施等。基地为人工填海而成，主体建筑集中在海岛环路内侧，建筑限高 100 米。停车区包括200 辆观众停车、50 辆 VIP 停车、50 辆演职人员和办公车位。车流通过 - 4.50 米层的景观屋面下部的架空区形成环岛车行流线，VIP 车辆拥有独立停车区和出入通道，歌剧院货运车辆通过环路可直达后台和侧台卸货区。

大剧院用于大型歌剧、舞剧、大型交响乐及文艺演出；多功能剧院用于各类综合文艺演出、实验话剧、室内乐、中型会议活动和时装表演等。大剧场厅内容积 14900 立方米；设主舞台、双侧台、后舞台，构成四面舞台形式。声学设计采用可调混响设计，以保证不同演出混响时间要求。

建筑形态取白色海贝意象，响应特定的自然环境，地域特色鲜明，已成为城市标志性建筑，社会效益显著。技术系统复杂度高，设计、建造难度大，表现出较高的技术应用与整合能力，技术性能优越。BIM 技术的应用促进了各专业技术的整合，使建筑外部形态、内部空间、室内装修等都得到控制。建成后经受了瞬时 17 级强台风自然灾害的考验。

设计总负责人 • 朱小地　马　泷
项目经理 • 侯郁
建筑 • 朱小地　马　泷　黄　河　金国红
　　　栾　波　陈　辉
结构 • 侯　郁　束伟农　朱忠义　陈　林
　　　宋　玲　卜龙瑰
设备 • 夏令操　蔡志涛
电气 • 孙成群　刘蓉川　彭江宁
经济 • 高　峰

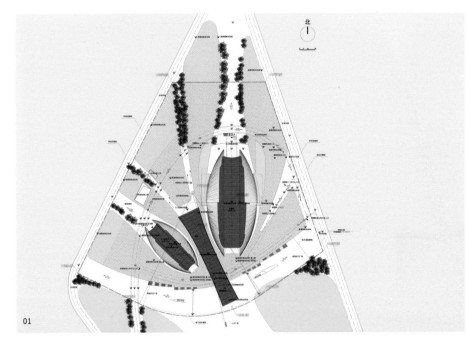

01

02

03

04

05

06

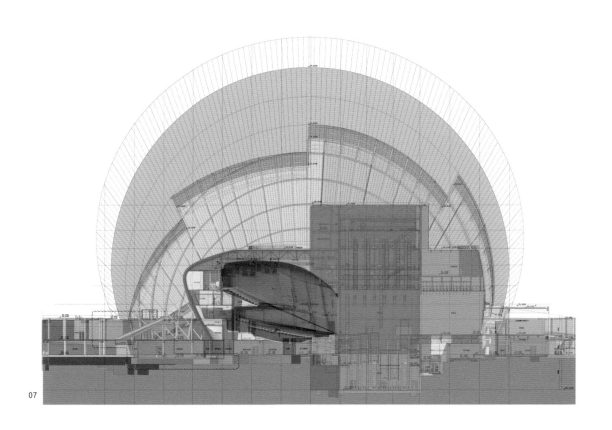

07

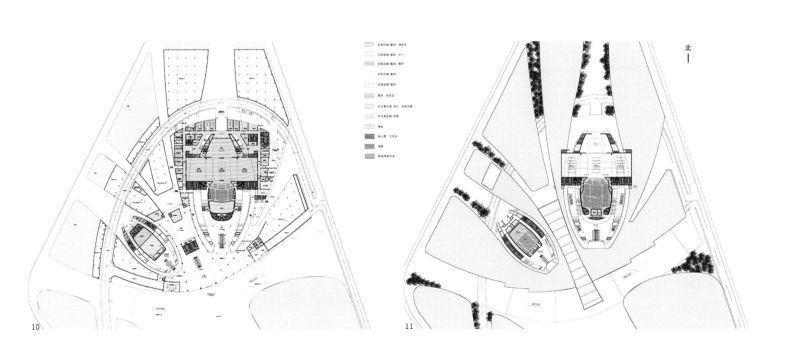

本页 12　歌剧院观众厅舞台
　　　13　小剧院观众厅

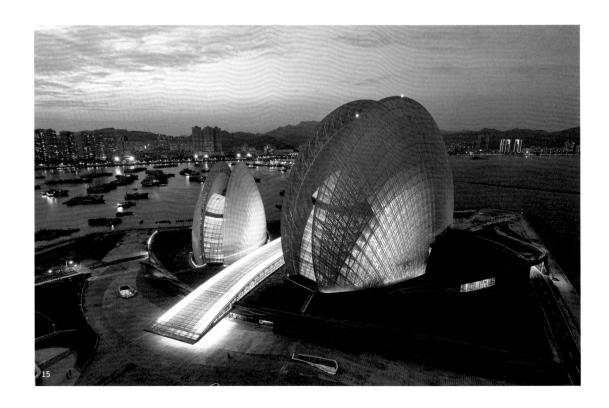

本页 14 歌剧院观众厅楼座

15 东南侧全景夜景

深圳中洲大厦

一等奖 ● 商务办公

建设地点 ● 深圳市福田区
用地面积 ● 0.63 hm²
建筑面积 ● 9.68 万 m²
建筑高度 ● 200.00 m

设计时间 ● 2016.05
建成时间 ● 2016.06
合作设计 ● AS+GG 建筑设计师事务所

位于深圳 CBD 东侧,是集甲级办公和配套商业为一体的超高层高端商务办公楼。地块呈长方形,建筑沿南北方向布局,以充分获得西侧中心公园绿色景观和 CBD 城市景观。建筑空间着重考虑不同功能空间的特点,力求创造富有独特领域感的、高精细度的建筑空间。塔楼的 4 个角部采用曲面造型处理,玻璃幕墙设水平遮阳板,其穿孔和纹理排布按遮阳要求规律变化,形成微妙光影效果。

地下室共 4 层,主要为 345 个车位的停车库和设备用房。裙房共 3 层,办公主入口位于场地南侧,首层布置 3 层通高大堂;商业主入口位于东侧,次要出入口位于北侧,设置配套商业(餐饮)和相关辅助用房。塔楼四至三十八层为办公,竖向分为高、中、低 3 个区。

平面功能布局清晰紧凑,利用率高。造型简洁挺拔,流线型外形具有现代感。玻璃幕墙、水平遮阳等表皮的细节处理手法细腻,表现力强。

设计总负责人 ● 马自强
项目经理 ● 侯郁

建筑 ● 马自强　　么冉　　胡月明　　陈辉　　张金保
结构 ● 侯郁　　何宁　　陈哲　　黄小龙
设备 ● 蔡志涛　　于鹏　　龚旎　　李新博
电气 ● 刘安　　彭旭光

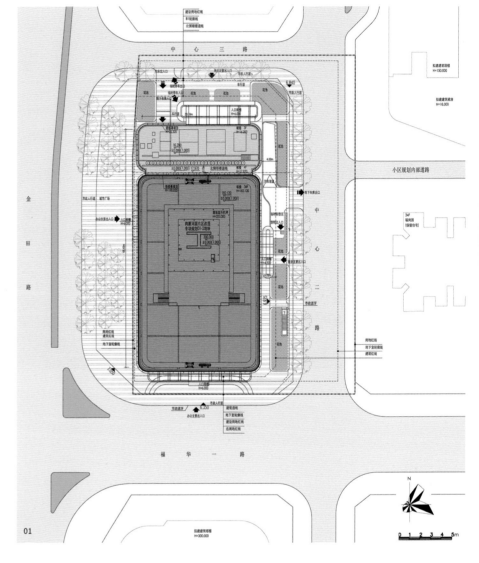

01

02

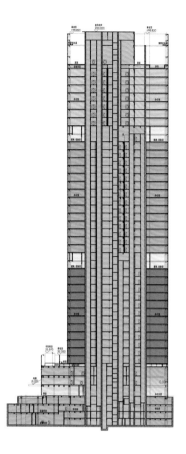
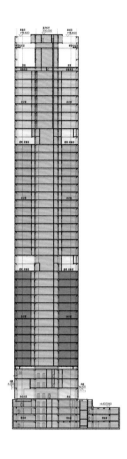

07

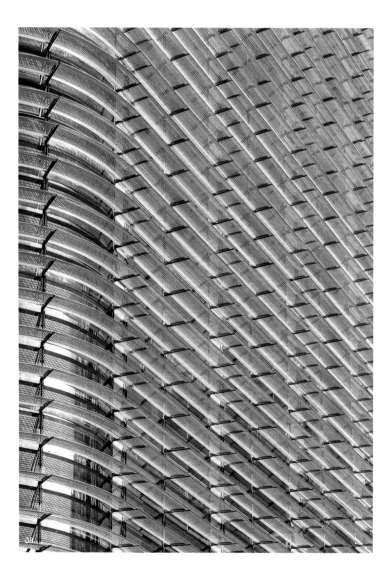

08

09

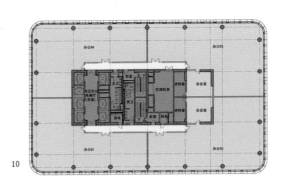

10

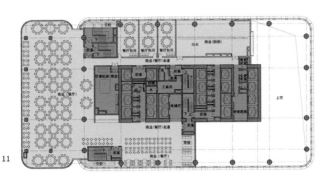

11

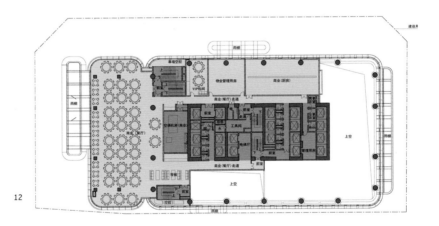

12

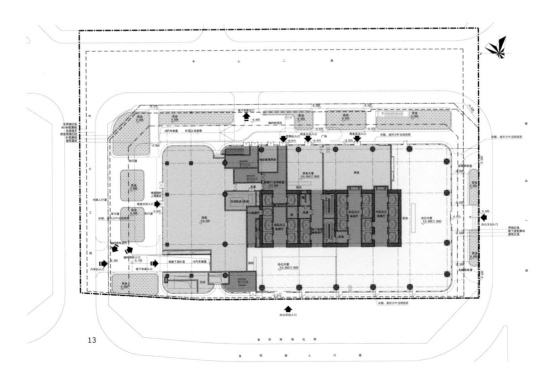

13

银河 SOHO 加建办公楼

一等奖 • 商务办公

建设地点 • 北京市东城区
用地面积 • 5.25 hm²
建筑面积 • 0.50 万 m²
建筑高度 • 17.60 m

设计时间 • 2014.06
建成时间 • 2016.04
合作设计 • 英国 ZAHA HADID 建筑师事务所

位于朝阳门 SOHO 中心南区西北角，是一座 4 层的办公建筑。延续银河 SOHO 中心的非线性形式，并和主体建筑群有所区别，是一个在西北方具有地标性的独立建筑单体。地上首层为商业办公，地上二至四层为办公，地下二层和地下一层维持原车库和商业，做局部调整。

空间布局、专业整合、细部构造等各方面高度优化。使用数字化手段对这一非线性建筑做了精确的几何控制，实现了数字化方式准确高效出图；全专业 BIM 模型有效控制了施工和设计的全过程，使项目成为当代数字化技术应用的典范。已获 LEED 银奖。BIAD 团队以其创造性、高效的技术支持和国际化视野，受到外方的高度评价，被业主认为是 SOHO 中国所有项目中的"最佳合作团队"。

设计延续了 SOHO 中心前期的风格和手法。建筑功能虽然简单，但个性特色鲜明，非线性体型、立面处理的技术难度高；在建筑整合、精细化设计方面手法娴熟，控制力强，达到较高水平。BIM 技术应用程度高，为复杂形体建筑的有效控制提供保障。

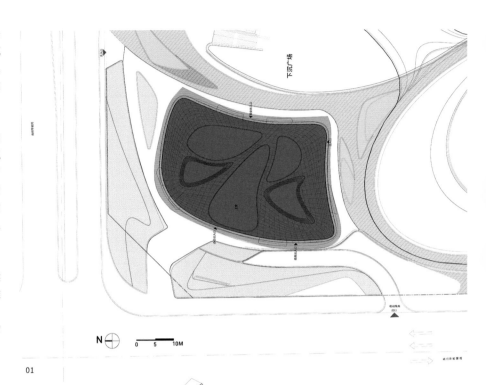

01

设计总负责人 • 李 淦
项 目 经 理 • 李 淦
建筑 • 李 淦　闵盛勇　郝一涵　吕 娟　潘 辉
结构 • 杨 洁　岑永义
设备 • 沈逸赉　陈浩华　朱 玲
电气 • 时 羽　郭金超　王 振
经济 • 张 鸽　矫 霞

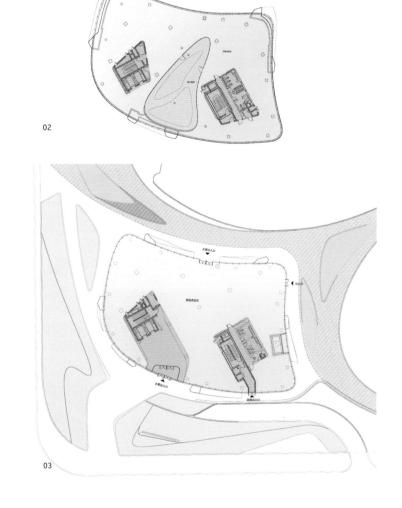

02

03

04

05

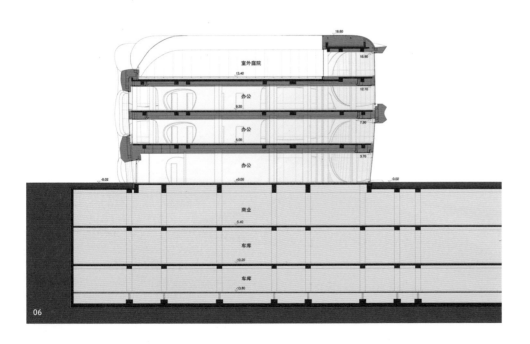

06

中国有色工程有限公司
科研办公楼

一等奖 • 科研办公

建设地点 • 北京市海淀区
用地面积 • 3.60 hm²
建筑面积 • 6.86万 m²

建筑高度 • 41.50m
设计时间 • 2014.03
建成时间 • 2016.11

位于军事博物馆正南面——中国有色工程有限公司院区的南端。用地内有两栋20世纪50年代建造的3层砖木办公楼。外墙面采用浅米色花岗石干挂幕墙体系，配合浅灰色玻璃，对比强烈、简洁现代，凹凸窗使立面肌理富于细部表现力。设计积极应对日照、建设条件等限制因素，充分尊重使用方需求，深化功能分析、使得院区整体指标平衡，实现一体化设计。

主要功能为科研、办公、会议展览等相关配套：科研办公楼位于用地西侧，为双板造型；北侧正对1号主楼部分设置了一个4层通高的公共空间以强化中轴线的意象，形成与1号楼的退让关系，降低原有的压迫感，形成多层级复合的人性化空间。办公会议楼位于用地东侧，高15米；办公会议楼地上3层，主要为展厅、会议及配套功能。两楼平面均采用8.4米柱跨为基本模数，核心筒均位于平面的核心位置。两楼二、三层有空中连廊相通；地下室连为一体。

设计逻辑清晰，在现状条件、用户需求、功能布局、技术应用等方面有系统的整合，形成严谨高效的工作方法。平面规整简洁，布局关系清晰，空间利用高效。建筑形态端正简洁，比例、尺度及细节控制得当。

设计总负责人 • 叶依谦
项 目 经 理 • 叶依谦
建筑 • 叶依谦　从振　李衡　王溪莎　杨曦
　　　刘骞　岳一鸣
结构 • 康钊　李婷　宋泽霞　李蕊
设备 • 杨东哲
电气 • 张安明　金颖
经济 • 张菊

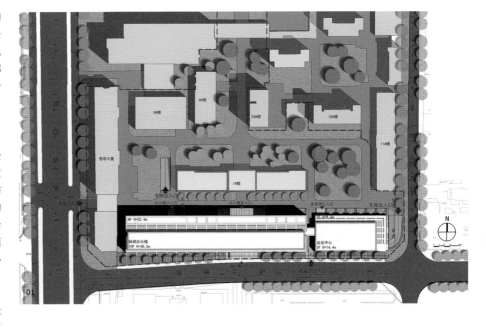

07

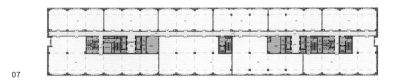

08

09

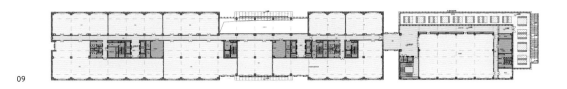

10

11

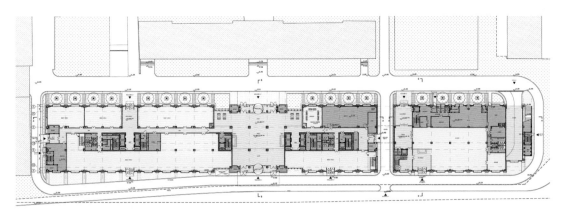

本页 07 七层平面图

08 四层平面图

09 三层平面图

10 二层平面图

11 首层平面图

对页 12-14 大堂

12

13

14

深圳百丽大厦

一等奖 • 商务办公

建设地点 • 深圳市南山区	建筑高度 • 120.00 m
用地面积 • 0.28 hm²	设计时间 • 2013.02
建筑面积 • 4.68 万 m²	建成时间 • 2016.02

为新百丽鞋业总部，超高层 5A 甲级办公楼，位于深圳市南山区 CBD 西南部；西面临后海滨路约 150 米，对面是高尚住宅区及北师大深圳附中；南面距东滨路约 150 米，其余各面均尚处于规划建设阶段。

造型需要有足够的标志性和可识别性，同时还应具有一定的城市尺度和现代感，以满足后海中心区的新时代、新中心区的特殊要求。倾斜的造型很好地体现出建筑的时代感与流畅感。建筑物不再是高层塔楼与低层裙房的传统关系，而是将裙房与塔楼结合在一起，形成更加整体的体型关系，更好地体现高层建筑的整体感，为后海中心区增加活力。

造型采用相互穿插的几何形体，结合整体玻璃幕墙做法，简洁、纯粹，视觉冲击感强、性格鲜明，具有强烈的城市标志性。内部装修风格简约，楼层间穿插的文化交往空间富有新意。

设计总负责人 • 陈知龙
项目经理 • 侯郁
建筑 • 陈知龙　王 戈　盛 辉　屈石玉
　　　林 琳　王 雪
结构 • 何 宁　陈 哲　习芹芹　王 子
设备 • 蔡志涛　刘蓉川　黄智杰　肖亮民
电气 • 张文华

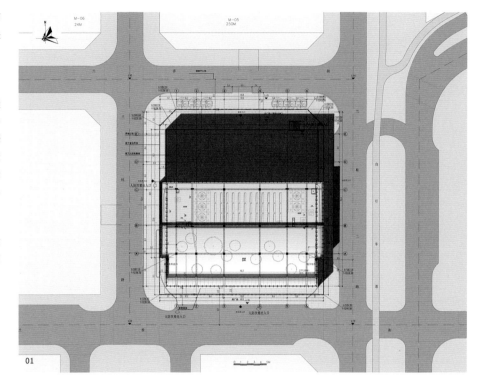

01

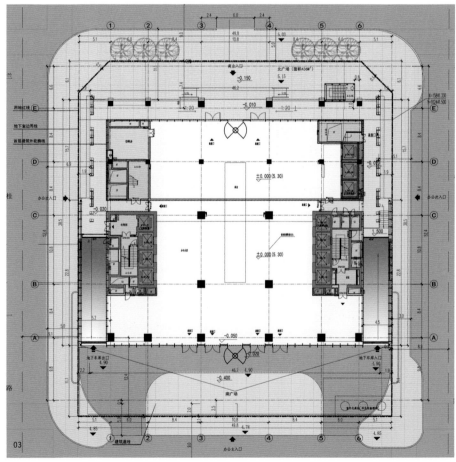

03

02

04

06

07

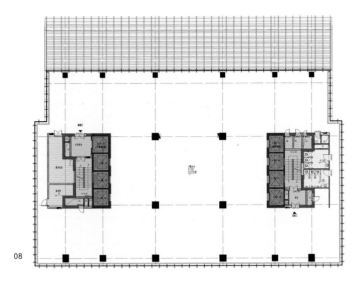

08

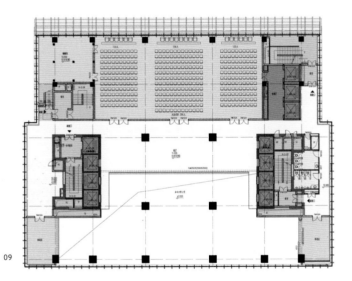

09

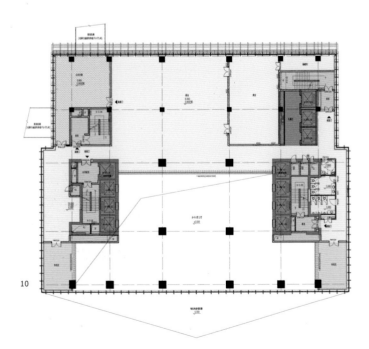

10

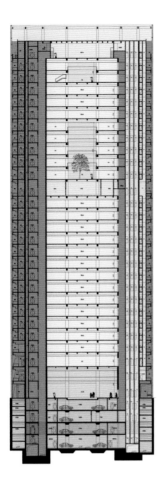

11

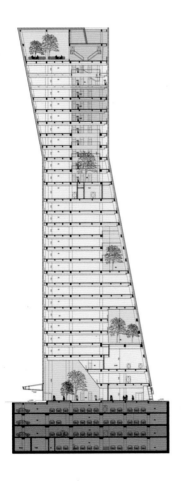

12

13

天竺万科中心

二等奖 ● 总部办公

建设地点 ● 北京市顺义区
用地面积 ● 1.72 hm²
建筑面积 ● 6.32 万 m²

建筑高度 ● 35.75 m
设计时间 ● 2015.03
建成时间 ● 2016.12

位于天竺保税区北门西侧用地内，包括办公及服务配套服务中心，由 4 栋规模不同的办公楼组成。A、B、C3 栋楼均为东西向，横向的板楼 D 栋位于用地的最南侧，为用地内留出庭院空间，并减少与用地北侧办公楼间的空间压抑感。车行入口位于用地东侧，车行流线靠南，北侧是开阔的景观区。场地内部分建筑首层架空，上层出挑，将人流从室外自然引入场地内，营造丰富空间层次。D 栋办公楼前设置室外下沉广场和连廊，并在四层露台设置空中花园。

体型规整，立面采用模数化设计，幕墙围护体系；采用清水混凝土饰面预制混凝土外挂板，保温一体化，在工厂采用工业化生产，一次成型。外挂板总计 1088 块，总展开面积约 5300 平方米。挂板与主体结构之间采用"干式"连接，每块挂板均有上下各两个连接节点。东西向以预制外挂 PC 板为主，幕墙做点缀，凸出竖向线条，南向设置遮阳措施。

注重整体控制，庭院内变化丰富，有细节表达。装配式预制混凝土外挂式外墙围护系统有技术特色，获得"绿色三星"标识。

设计总负责人 ● 杜佩韦
项 目 经 理 ● 杜佩韦
建筑 ● 杜佩韦　张晨肖　樊 华　申婷婷
　　　　米 岚　王玥盟　马唯唯
结构 ● 郑 辉　马 辉
设备 ● 王 颖　滕志刚　田 丁
电气 ● 李 杰　支晶晶　张蔚红

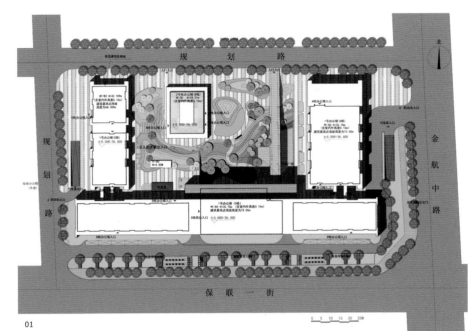

01

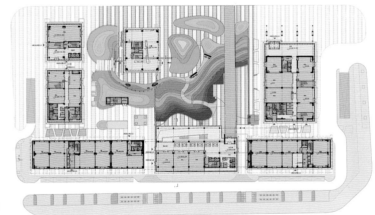

02

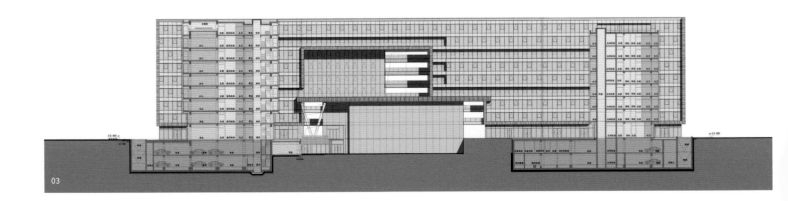

03

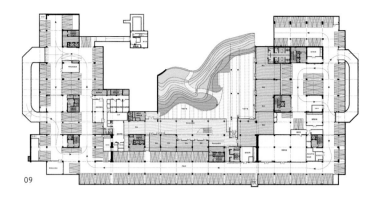

09

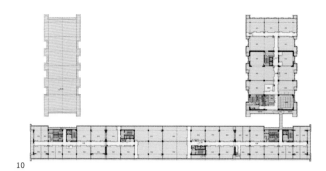

10

11

12

上海华电大厦

二等奖 • 总部办公

建设地点 • 上海市浦东新区
用地面积 • 0.55 hm²
建筑面积 • 6.08万 m²

建筑高度 • 120.00 m
设计时间 • 2013.10
建成时间 • 2016.12

超高层商务办公楼，是街坊内最高建筑。地下与整个 B 片区连为一体，统一开发设计。采用无柱敞开式办公空间，灵活方便；平面布局方正，使用效率高；建筑内部功能完善。

采用方形超高层塔楼，与 B 片区其他 3 座超高层建筑在和谐共融的基础上突出个性；建筑贴邻用地的东、北红线，退让出更为宽阔的南广场，同时与地块内其他建筑围合出幽静的内院空间。方正的主楼直接落地，立面四面对称，顶部四角玻璃幕墙的处理强化了建筑主体虚实关系，突出主体形象。

平面设计规整简洁，布局关系清晰，空间利用高效，外幕墙、内装修整体效果及细部控制力强，建造质量高。

设计总负责人 • 费曦强　刘淼
项目经理 • 刘淼
建筑 • 费曦强　刘淼　巫萍　马超　杨晓彤
结构 • 于东晖　吕广　贺旻斐　鲁广庆
设备 • 王新　刘磊　王素玉
电气 • 周有娣　张启蒙　徐昕

06

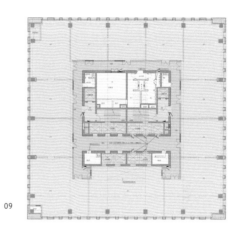

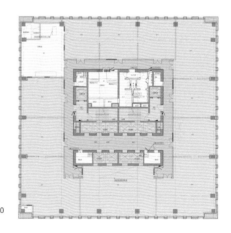

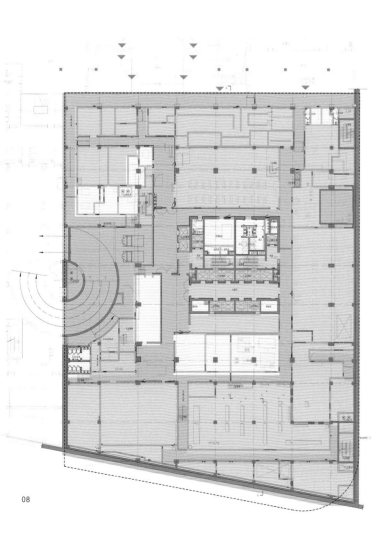

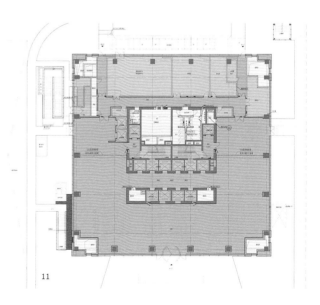

北京黄石科技研发中心

二等奖 • 科研办公

建设地点 • 北京市海淀区
用地面积 • 3.59 hm²
建筑面积 • 5.36 万 m²

建筑高度 • 21.00 m
设计时间 • 2014.05
建成时间 • 2016.12

位于上地信息产业基地西侧、中关村软件园一期的西南角；南靠北大生物城，西临东北旺苗圃。园区绿化面积近60%，主要由软件研发区和公共配套服务区两部分组成。软件研发区以组团的形式，围绕中心绿地和水面呈自由状分布。平面布局简洁，空间利用率高，小空间与大空间可灵活转换。

建筑形象沉稳、规整，立面采用模数化单元组合拼装，生成错落相间的立面效果；同时通过单元模数控制大比例到细部节点的逻辑关系，使复杂建筑得到精细化控制。

建筑体量规整，风格简约。功能布局清晰，空间利用率高，建筑整体控制得当，有细节处理。

设计总负责人 • 谢 强
项目经理 • 吴剑利
建筑 • 谢 强　乔利利　马 丫
结构 • 王立新　王铁锋　李燕平
设备 • 陈 晖　宋丽华　尹 航　曹 明　赵晓瑾
电气 • 许 群　方 悦
经济 • 李 菁

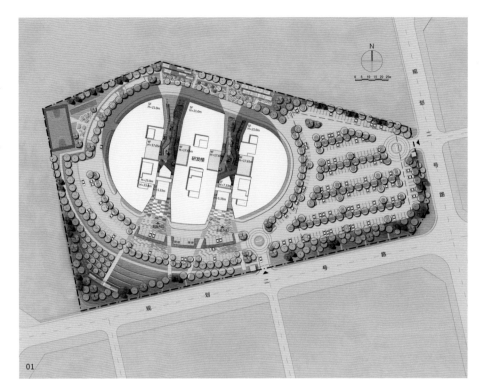

01

02

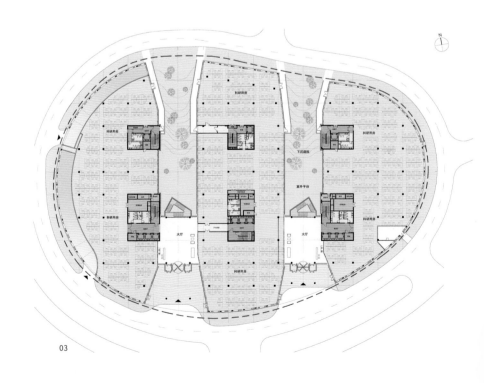

03

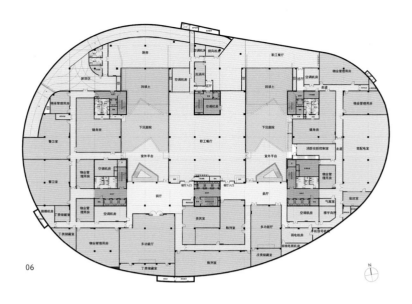

本页 06 地下一层平面图

07 首层入口大厅

08 北侧下沉庭院入口

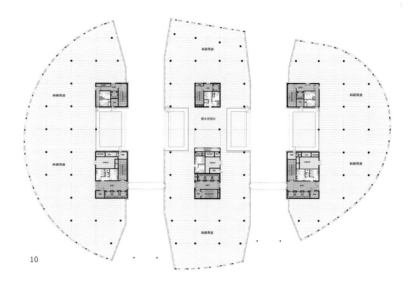

本页 09 会议区

10 五层平面图

11 地下餐厅

张家港国泰新天地广场

二等奖 • 商务办公

建设地点 • 江苏省张家港市
用地面积 • 2.72 hm²
建筑面积 • 16.82 万 m²

建筑高度 • 99.30 m
设计时间 • 2014.02
建成时间 • 2016.04

5A 级智能化办公楼，地处人民路的重要城市节点。建筑主要出入口位于用地北侧，底部裙楼功能为银行，西侧是商业。

三期用地面积和建筑面积都比一期、二期增加近一倍，更巨大的体量而又同样的高度带来体块分割组合的难度。建筑的造型要点在于将大体型形体进行几何消解，尽可能弱化地上巨大体量。灵感来自于积木的拼搭，将整个体量划分成数个面相不同方向的积木搭接组合，既营造大建筑的宏伟感受又以多变的组合体块相互穿插，丰富了各个方向的视觉体验。

采用在实体中穿插玻璃幕墙的做法，形成体块的穿插变化，虚实对比，减小了巨大的体量感。

设计总负责人 • 吴剑利
项目经理 • 谢 强
建筑 • 谢 强 吴剑利 张 钒 杨金莎
结构 • 王立新 李伟峥
设备 • 王力刚 刘纯才 郭 莉 路东雁 魏广艳
电气 • 孙 妍 王 帅 张 争 孙晟浩

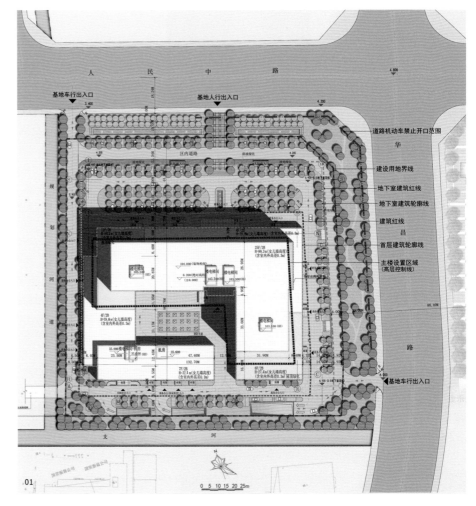

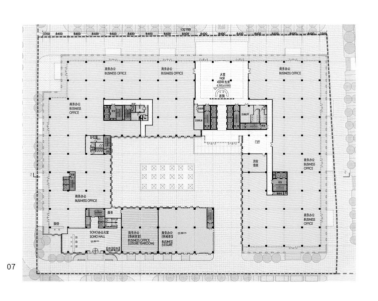

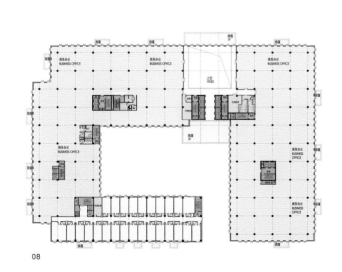

09

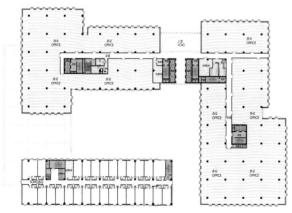

10

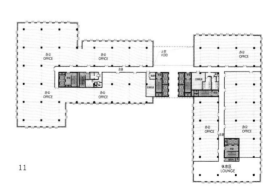

11

大栅栏北京坊一期

二等奖 • 商业街

建设地点 • 北京市西城区	建筑高度 • 18.00 m
用地面积 • 2.00 hm²	设计时间 • 2016.06
建筑面积 • 10.00 万 m²	建成时间 • 2017.01

商业建筑群，为北京首个"历史文化保护街区集群"设计项目，共14个单体建筑。吴良镛为总规划顾问，崔愷、朱小地、吴晨等6位建筑师完成沿街7栋单体建筑设计方案，BIAD负责项目整体设计及各单体深化设计。

项目位于前门大栅栏街区——天安门广城西南侧，用地西起煤市街，东至珠宝市街，南至廊房头条，北到西河沿街，呈现为"一主街、三广场、多胡同"的空间格局。毗邻国家大剧院、国家博物馆等著名文化场所，区域内拥有国家级文物保护单位劝业场、谦祥益、廊房头条15、19号金店等历史文化建筑。

用地以保留文物建筑劝业场为界分为东、西两部分。东侧地下一层功能为电影放映厅，地上为5栋商业单体建筑；西侧地下一、二层为大空间商业用房，地上9栋商业单体建筑。步行内街宽度尺寸控制为6~8米，呼应传统街巷尺度。建筑形式采用了混搭、叠加、退台、外实内虚、节点广场、街角景观、下沉庭院、底层商街和空中商街交错呼应等多种空间营造手法，形成多层级漫步体系等丰富效果，增加建筑层次感和趣味性。

独栋组合的街区商业模式，兼顾了老城风貌和现代商业的功能需求和尺度关系。空中连廊的设置，使单体商业相对独立又互相联系，提升了商业建筑的可达性及使用便利性；同时形成多层级漫步体系，增加建筑层次，丰富建筑室外空间。融合了历史基因与现代城市特性的中国式建筑集群，探索了历史文化保护区中现代商业建筑设计模式，是历史文化保护街区的整体保护与有机更新的一次有益尝试。建成后，被称为"北京老城复兴的金名片"，2017年入选北京新十六景"古坊寻幽"。

总顾问 • 吴良镛
设计总负责人 • 吴 晨　苏 晨
项目经理 • 吴 晨
设计指导 • 朱小地
合作建筑师 • 朱小地　朱文一　边兰春　崔 愷
　　　　　　齐 欣
建筑 • 吴 晨　苏 晨　李乃昕　杨 帆
　　　曾 铎　张春旭
结构 • 常为华　宫贞超　毕 鑫
设备 • 张 健　杨国滨　潘翠彦
电气 • 张建功　杨 立

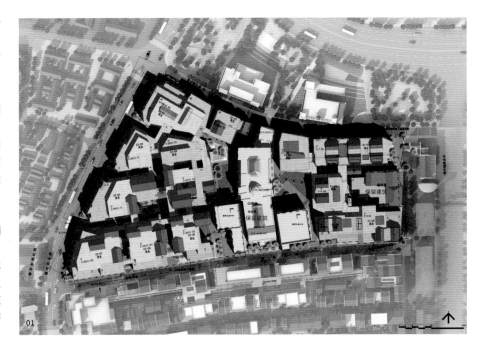

01

03

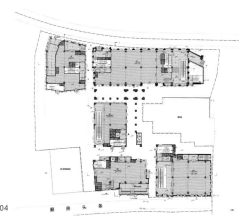

04

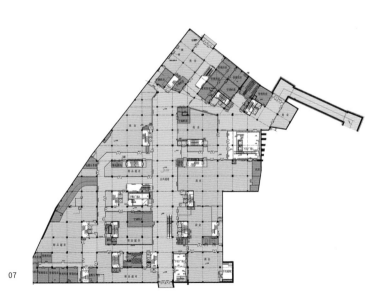

08

09

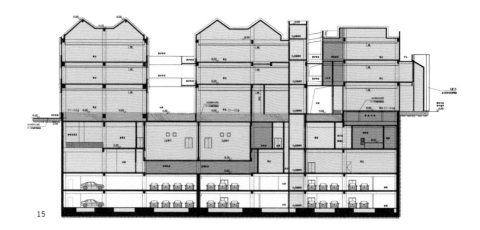

15

16

17

上海嘉定大融城

二等奖 • 商业中心

建设地点 • 上海市嘉定区马陆镇
用地面积 • 4.34 hm²
建筑面积 • 12.64万 m²

建筑高度 • 32.10m
设计时间 • 2015.07
建成时间 • 2016.01

位于嘉定老城区的东南，是嘉定区域内规模最大的商业中心。地上商业空间沿长边方向，分为南北两部分——北侧地上2层、南侧地上5层——两者之间设室外商业街。曲线构图在室内空间串联起三个椭圆形尺度、主题各异的中庭空间，形成步移景异的商业空间体验。

地下二层为车库；地下一层为超市、车库和设备用房；地上部分为大空间商业。南侧地上部分设室内商业街，采用弧形板边的大出挑无柱设计，四层设多个电影放映厅。

平面布局紧凑，商业功能分区、室内外空间关系等整合度好。商业特质把握得当，空间使用效率高，室内中庭使大尺度的商业空间富于变化。立面设计利用曲线型平面，采用不同颜色的铝板沿水平方向延展，变化丰富，较好体现其商业属性。建筑的整体完成度高，体现出专业的设计整合能力，为后续的高质量建造提供了充分保障，得到市民的高度认可和喜爱。

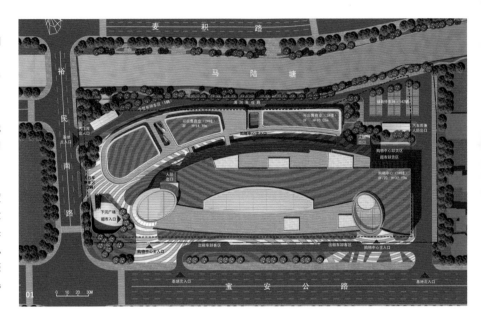

设计总负责人 • 米俊仁　李大鹏
项目经理 • 李大鹏
建筑 • 米俊仁　聂向东　李大鹏　宫新
　　　王瑞鹏　邢丽艳
结构 • 卢清刚　张爱勇　胡正平
设备 • 刘沛　张成　鲁冬阳　李志远
电气 • 赵亦宁　宋立立

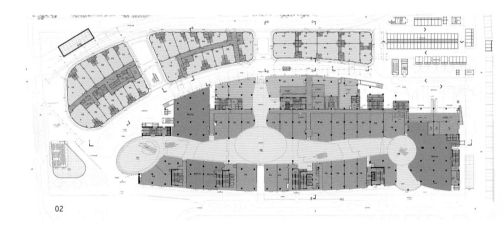

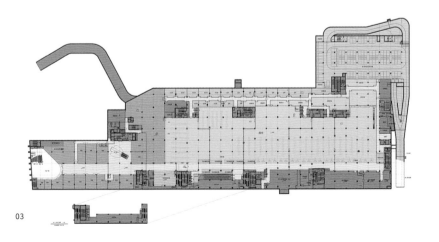

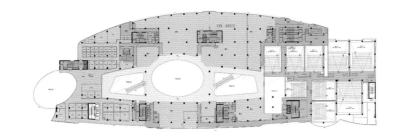

07

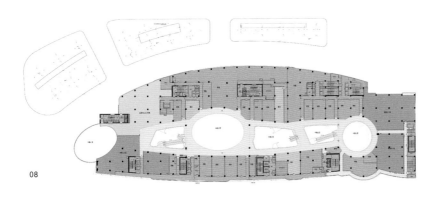

08

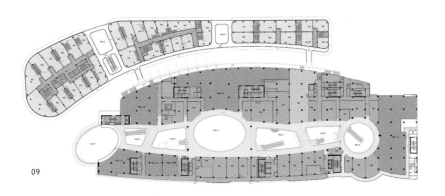

09

12

14

绵阳凯德广场·涪城二期

二等奖 ● 商业中心

建设地点 ● 四川省绵阳市 建筑高度 ● 39.75m
用地面积 ● 1.13hm² 设计时间 ● 2013.07
建筑面积 ● 7.30万m² 建成时间 ● 2014.12

位于临园路，西侧与市政府宿舍相邻，南侧为凯德广场一期，东侧有新益大厦，地上6层、地下4层，建成后与南侧一期形成完整的整体商业。

地下一层为商业、餐饮；首层至四层为大空间商业用房。后勤出入口设于建筑首层西侧；五、六层设影院和餐饮。首层南侧与一期间距7米，其他楼层与一期紧邻，并设通道与之相连。

建筑体型与表皮的表达富有特色，玻璃、金属板材等不同材料、色彩应用变化丰富，商业特征鲜明。立面玻璃结合平面使用功能，采用不同透光度，使外立面富于变化。

设计总负责人 ● 赵九旭
项目经理 ● 郑方
建筑 ● 郑方　王粤之　苟晓佳　黎旭阳
结构 ● 郭洁　高顺　胡建云
设备 ● 赵九旭　薛沙舟　陈莉　彭鹏　杨得钊
电气 ● 胡又新　申伟　张轩

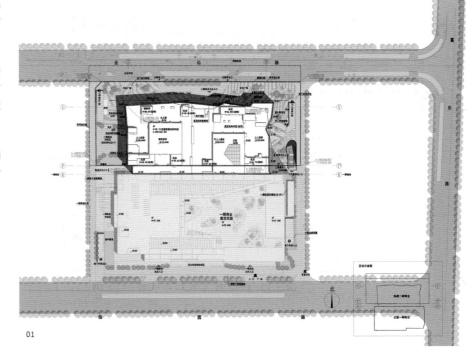

01

02

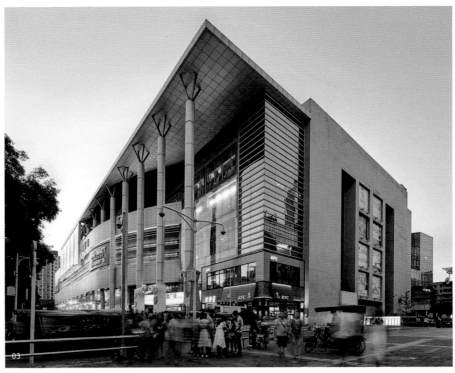

03

04

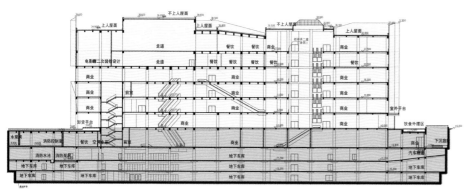

05

06

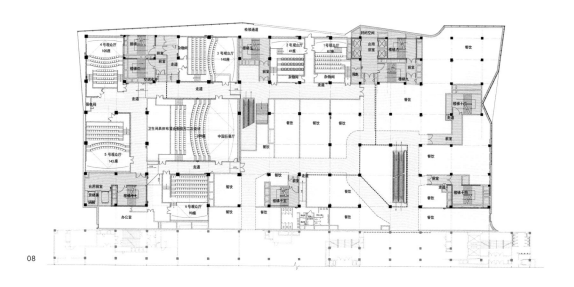

08

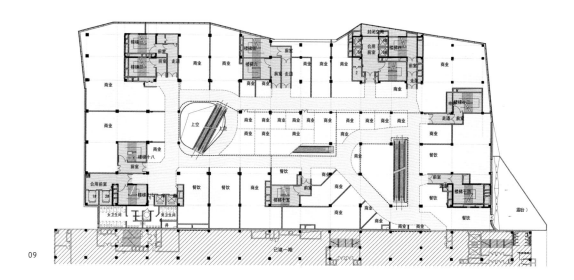

09

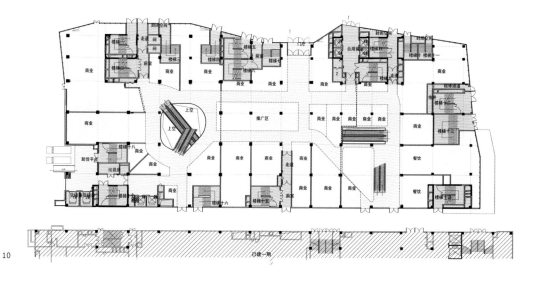

10

深圳市青少年活动中心

一等奖 • 文化馆

建设地点 • 深圳市福田区
用地面积 • 1.96 hm²
建筑面积 • 3.82 万 m²

建筑高度 • 32.12 m
设计时间 • 2013.11
建成时间 • 2016.11

为国际方案竞赛的中标方案，体现了深圳这座创新型城市的公益性、综合性、现代感，是面向全市 14 ~ 28 岁青少年服务的社会教育基地。活动中心主要包括教育陈列、会议、培训、文体活动。建筑表皮为穿孔不锈钢板；在东北角和西南角有升起的灰空间。主楼四至六层为教学用房，可以俯瞰底层裙房的绿化屋面。

用地东侧和北侧均贴临城市干道，人行主出入口在东北侧，从红荔路、红岭路均可以进入，在西北侧和东侧各自设一个车行出入口。主楼建筑位于用地较完整的东北侧，建筑首层至三层为裙房，呈规整的 120.6 米 × 87.0 米的长方形。

项目从青少年的特质和功能需求出发，响应用地东北角地铁站的特定条件，激发创意，获得新颖效果。

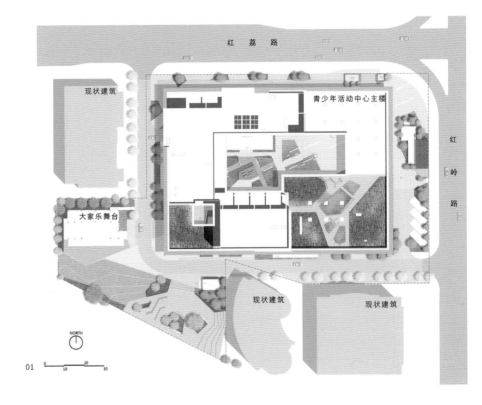

设计总负责人 • 刘 杰　张 浩　陈 辉
项目经理 • 侯 郁
建筑 • 刘 杰　张 浩　张 葛　陈 辉
　　　高 旋　王 雪
结构 • 薛红京　陈 哲　徐宇鸣
设备 • 王 威　王素萍　刘春昕　龚 旎
电气 • 阴 恺　彭旭光

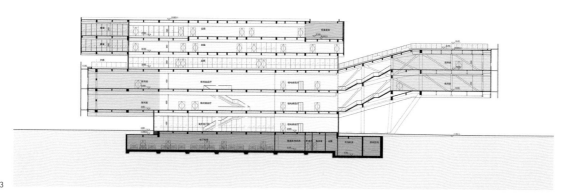

03

04

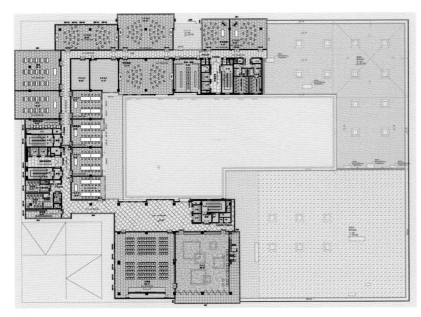

09

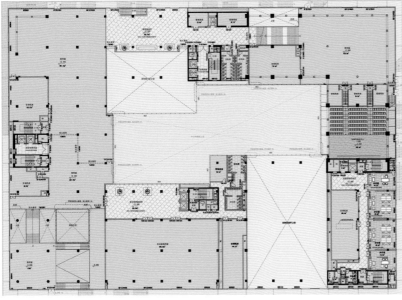

10

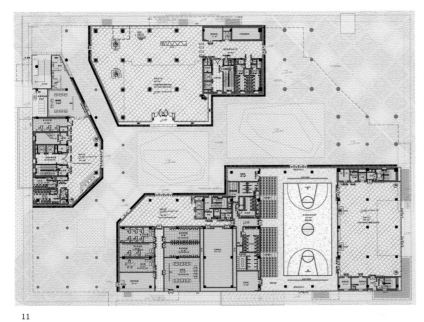

11

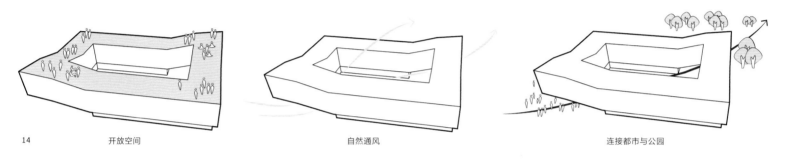

14　　　　　　　开放空间　　　　　　　　　　　　自然通风　　　　　　　　　　　连接都市与公园

深圳龙岗区基督教布吉教堂

二等奖 • 宗教

建设地点 • 深圳市石芽岭公园
用地面积 • 0.32 hm²
建筑面积 • 0.84 万 m²

建筑高度 • 24.00 m
设计时间 • 2014.07
建成时间 • 2016.12

位于龙岗区布吉街道东西干道石芽岭公园路段，西南侧为石芽岭公园，西北、东北两面靠山，周边环境优美，东南临城市主干道，交通便利。

平面采用拟拉丁十字布局，地上7层、地下2层。地下部分主要为停车库及设备用房，地上部分为教堂主堂、多功能厅及其他附属用房。主体高度为24米，双塔高为47米。

采用双塔、尖拱窗等元素，配以夜景泛光照明，具有鲜明的教堂标志性。注重室内艺术效果和体验感，主、副堂主要空间均为大跨无柱结构，具有良好的室内声学空间和热工环境。

平面简洁规整，具有文化内涵的塔楼造型和细节设计，彰显建筑特质。

设计总负责人 • 蔡 克　黄 河
项目经理 • 侯 郁
建筑 • 蔡 克　黄 河　张金保　屈石玉　何东川
结构 • 徐宇鸣
设备 • 刘大为　蔡志涛　司 锋　刘蓉川
电气 • 刘定兵　彭旭光

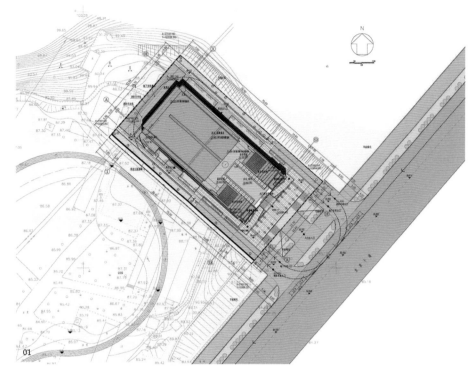

01

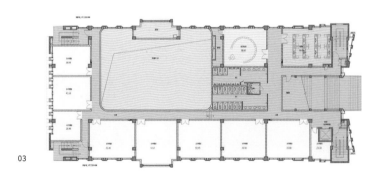

03

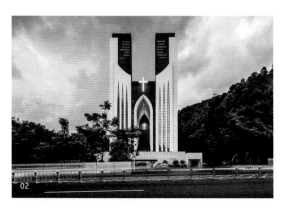

02

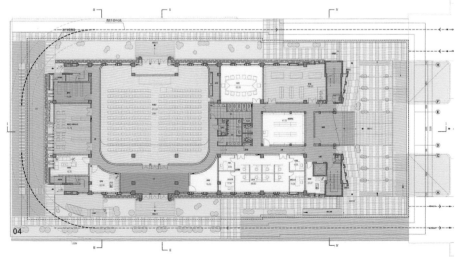

04

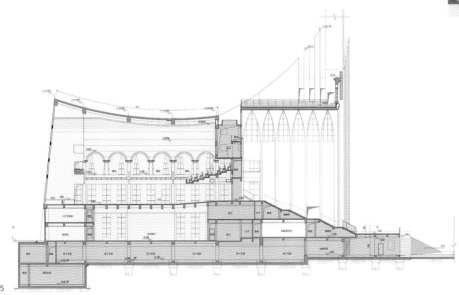

05

06

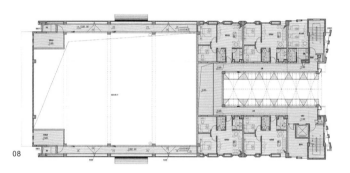

08

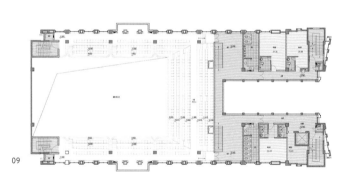

09

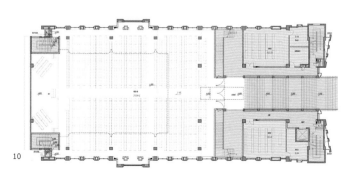

10

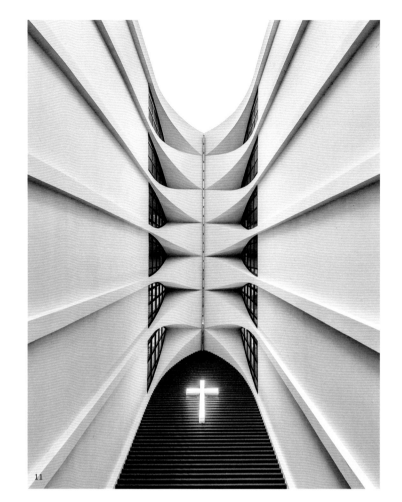

11

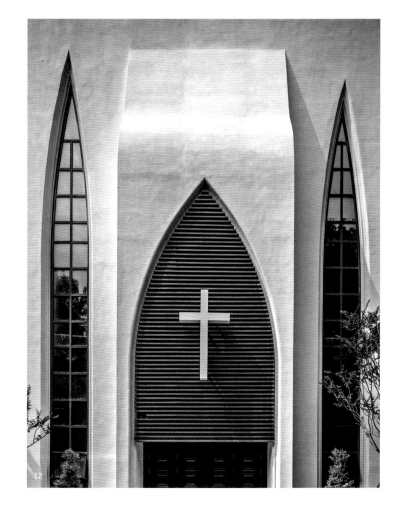

12

青岛北站

一等奖 • 铁路客运站

建设地点 • 山东省青岛市
用地面积 • 9.18 hm²
建筑面积 • 6.88 万 m²
建筑高度 • 24.76 m

设计时间 • 2014.01
建成时间 • 2014.01
合作设计 • 中国中铁第二工程集团有限责任公司
　　　　　法国 AREP 公司

位于青岛市李沧区,为 8 场 16 线大型铁路客站,用地地形平坦开阔,按最高聚集人数 1 万人设计。西侧为胶州湾高速公路,西南 1 公里为青岛海湾大桥起点,北距机场 13 公里。总平面系统综合考虑铁路站场与站房、站前广场、公交站、长途车站及地铁之间的交通和功能关系,合理解决不同功能区之间的衔接,形成与城市交通体系无缝换乘的综合交通枢纽。车站地下一层为出站区,地面层为铁路站台,高架层为进站区,交通组织主要为"上进下出"和"下进下出",在站区内完成各种交通方式的转换。

造型立意为"海鸥飞翔",突出"海边的站房"特色。立面为鳞片状二维曲面玻璃幕墙,东西立面设铝合金幕墙系统,形成半透明匀质背景,以此衬托主体结构。每片幕墙玻璃上缘向外倾斜,可提供更大通风面积,并可反射室内声源直达声到吊顶吸声材料,有效减少大厅混响时间。侧面和顶部采光保证候车厅自然采光亮度和均匀度要求,降低照明能耗。站房屋盖为空间钢结构体系,由 10 榀平行轨道的拱桁架空间受力体系组成,中部由 5 米高、3.8 米宽的三角形屋脊大梁将 10 榀拱形体系纵向串连为一个整体。屋盖与下部高架候车层为互相独立的结构单元。

具有鲜明特色的交通建筑,布局清晰、流线简洁。极具建筑表现力的结构构件与建筑的功能属性、空间表现相得益彰,展现出独有的技术之美,形成建筑最大的亮点。功能、技术性能和艺术表现高度整合,建筑设计品质高。

设计总负责人 • 吴晨　苏晨
项目经理 • 吴晨
建筑 • 吴晨　苏晨　秦红　王桔　段昌莉
　　　王亮　杨蕾　黄华峰
结构 • 甘明　李文峰　方云飞　韩龙勇　王国华
　　　陈晗　宫贞超

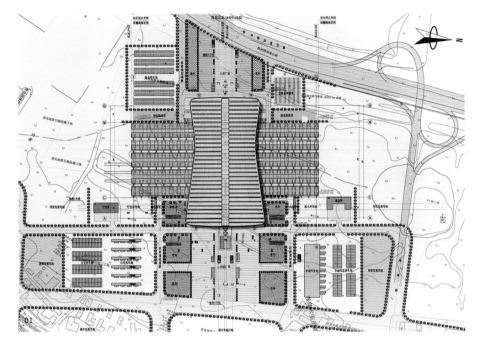

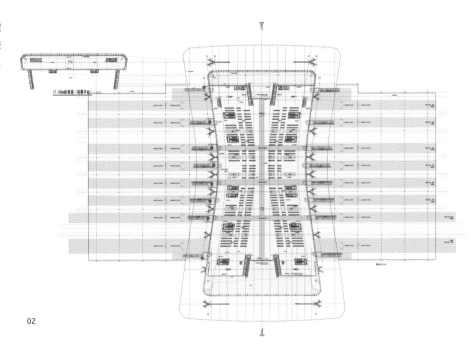

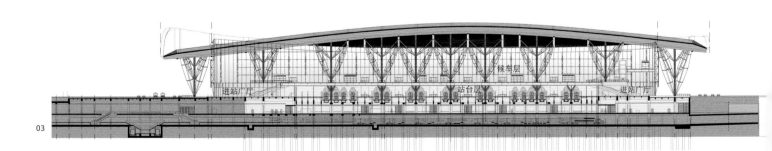

本页 11 候车厅

　　12 站台层平面图

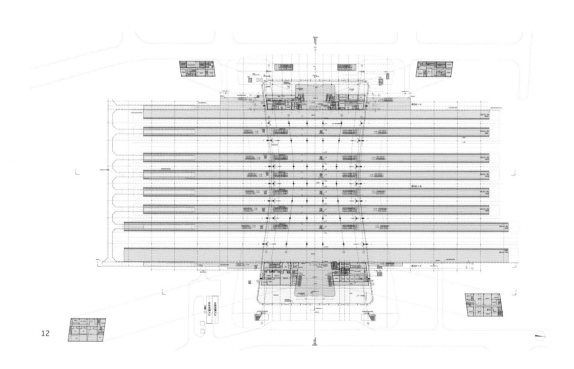

12

本页 13 候车厅
　　14 出站层平面图

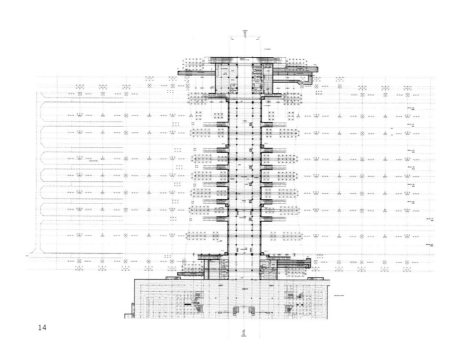

14

海南清水湾雅居乐莱佛士
度假酒店

一等奖 • 旅游酒店

建设地点 • 海南省陵水县
用地面积 • 16.68 hm²
建筑面积 • 10.33 万 m²
建筑高度 • 46.20 m

设计时间 • 2011.05
建成时间 • 2013.06
合作设计 • WATG

位于清水湾旅游度假区的超五星级度假酒店，拥有客房400 间。用地南侧拥有 400 米海岸线，北侧临规划景观大道，场地内还配备了高尔夫球场、别墅等高端配套。设计运用传统的造园、借景手段将建筑与景观有机结合，在顾客停留的重点区域设计具有东方特色的庭院景观。

首层功能为客房、水疗中心、餐厅、后勤区和车库等，二层为客房、大堂接待、宴会厅和会议用房，三层为客房。主入口位于二层北侧，面向景观道路。酒店客房采用"Y"形单廊式布局。客房及主要公共空间面向大海，有充分的景观面。建筑西侧面向道路，强调公共性，设置建筑入口空间、宴会空间、走廊空间等。

平面设计手法娴熟轻松，通过明确的动静区分，保证了酒店核心景观资源的高品质。客房分组设置，避免出现过长单调走道带来的沉闷之感，并有效地利用自然景观条件。半围合的院落形式以及全开放式的空间设计，利用自然环境优势，营造了宜人的环境氛围。立面风格具有浓郁的东南亚和海南地域民族风情，造型朴素、自然。建筑、景观、装饰"一体化"的设计，成功营造出特定环境下的室内外空间与自然景观相融合的建筑特色。

设计总负责人 • 金卫钧　解 钧
项 目 经 理 • 金卫钧
建筑 • 金卫钧　解 钧　唐 佳
　　　白文娟　燕 燕
结构 • 赵毅强　冯 岩　陈 宇
设备 • 王保国　吕紫薇　何晓东　曹 明
电气 • 王 权　王国君　方 悦

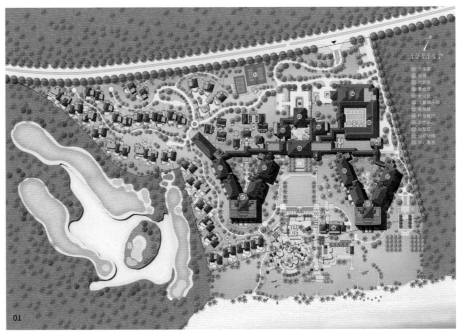

01

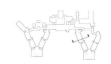

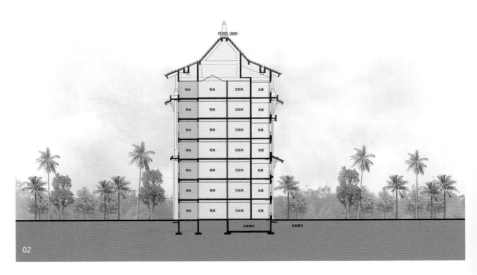

02

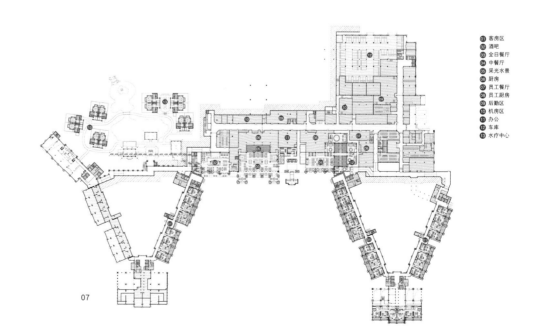

07

01　客房区
02　酒吧
03　全日餐厅
04　中餐厅
05　采光水景
06　厨房
07　员工餐厅
08　员工厨房
09　后勤区
10　机房区
11　办公
12　车库
13　水疗中心

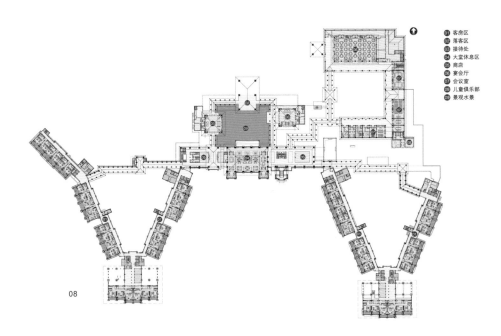

① 客房区
② 落客区
③ 接待处
④ 大堂休息区
⑤ 商店
⑥ 宴会厅
⑦ 会议室
⑧ 儿童俱乐部
⑨ 景观水景

08

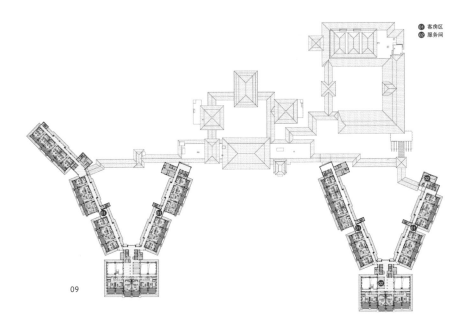

① 客房区
② 服务间

09

10

博鳌国宾馆扩建宴会厅

二等奖 • 会议酒店

建设地点 • 海南省琼海市　　建筑高度 • 17.95 m
用地面积 • 0.95 hm²　　设计时间 • 2015.08
建筑面积 • 0.99 万 m²　　建成时间 • 2016.03

北侧紧邻原有贵宾楼，场地西北高、东南低。地下车库东侧为设备用房和厨房粗加工；车库西侧设置一个入口和休息室。首层功能为大宴会厅、签约室，设两个独立的贵宾出入口，并设连廊与原贵宾楼连通；二层为会议餐厅；三层为会议用房。建筑除满足会议、宴会使用，还要承载室内国事活动的功能需求。为将来使用的可能性，预留了大量辅助空间，并与原有建筑相关部分连通。

项目为在原有建筑布局条件下的局部功能扩建，采用"化整为零"的设计手法，有效地减小了建筑体量。宴会厅的建筑高度和体量不超过贵宾楼，利于建筑融于既有环境，保证了场地北侧总统别墅的视线不受干扰。建筑风格符合海南的地域气候特点，延续了整体建筑群坡屋顶、浅白色涂料、木色格栅的设计路线，使建筑同周围环境有机融合。

设计总负责人 • 刘志鹏
项目经理 • 杜 松
建筑 • 刘志鹏　梁燕妮　张 伟　赵 晨
结构 • 盛 平　徐福江　扈 明　李 硕
设备 • 段 钧　周小虹　张志强　魏广艳
电气 • 庄 钧　张 争　孙 妍

01

02

03

04

05

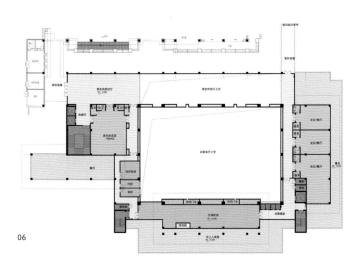

06

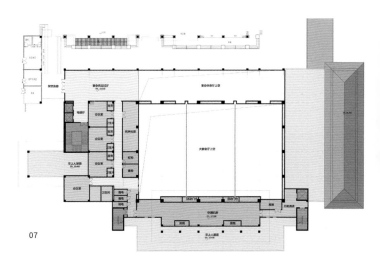

07

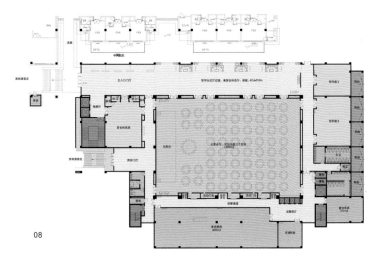

08

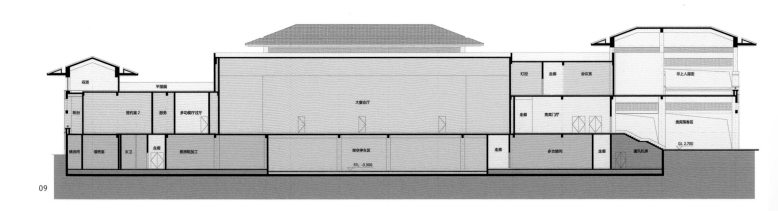

09

10

11

北京理工大学中关村国防科技园

一等奖 • 高等院校

建设地点 • 北京市海淀区
用地面积 • 4.66 hm²
建筑面积 • 23.8 万 m²

建筑高度 • 80.00 m
设计时间 • 2013.06
建成时间 • 2016.06

位于北京理工大学中关村校区，西侧紧临西三环，共7栋单体建筑。南北各有两栋研发楼，7栋建筑形成半围合的广场空间，建筑主入口均朝向广场，背向广场一侧设置次要入口。地上部分主要功能是研发、办公、教学、科研用房及配套的会议等服务功能。

通过与绿色建筑咨询公司的配合，将 REVIT 模型与 ECOTECT 绿色建筑计算软件结合，让建筑成为有直观数据依据的"绿色建筑"。是我国首次采用多屈服点免断裂防屈曲耗能支撑的结构工程，改善了结构的整体抗震性能。

全专业、全过程运用 BIM 设计，保证了设计的高完成度，提高了生产效率。功能分区合理，流线清晰，所有建筑单体均采用简洁的几何体型和竖向立面线条，整体感强，立面虚实相映。

设计总负责人 • 叶依谦
项 目 经 理 • 叶依谦
建筑 • 叶依谦　薛军　段伟　从振　杨曦
　　　　刘智　孙梦
结构 • 卢清刚　刘永豪
设备 • 石鹤　梁楠　李欣笑
电气 • 金颖　张安明
经济 • 张广宇

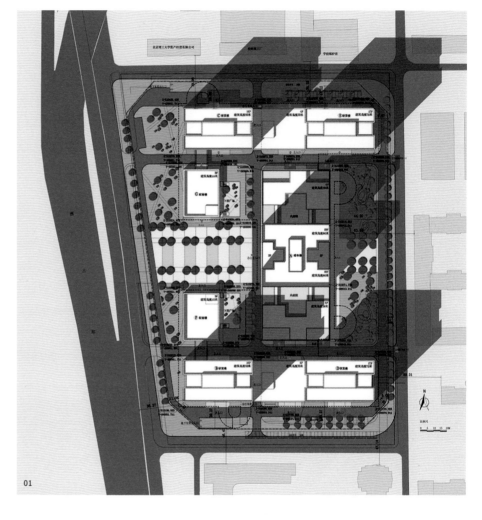

01

02

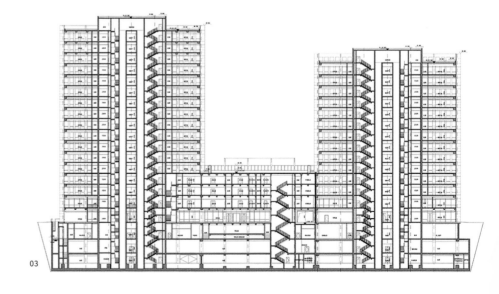

03

04

05

06

07

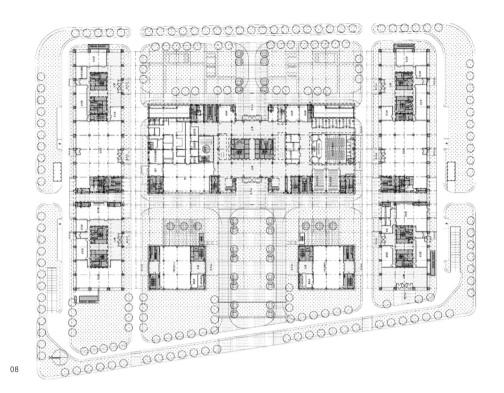

08

09

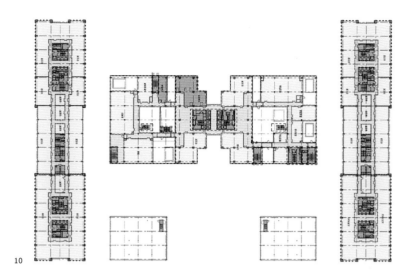

10

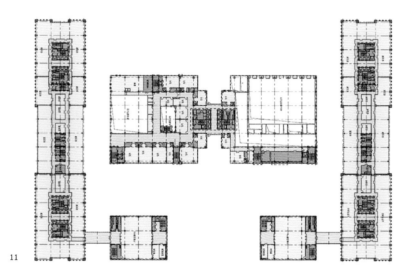

11

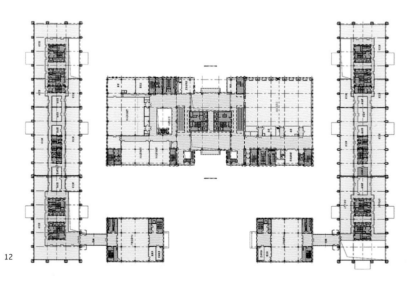

12

13

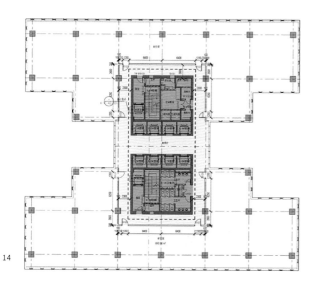

14

15

北京第二实验小学兰州分校

二等奖 • 中小学

建设地点 • 甘肃省兰州市
用地面积 • 3.33 hm²
建筑面积 • 4.13万 m²
建筑高度 • 20.40 m

设计时间 • 2015.08
建成时间 • 2015.08
合作设计 • 甘肃省建筑设计研究院

全日制48班小学，位于安宁区黄河河畔。用地东侧为高层住宅区，西侧为办公区。校园建筑由教学楼、综合楼、报告厅、风雨操场、行政楼和教师公寓等组成。总平面采用"院落"式空间组织方式。主入口广场由综合楼、报告厅围合而成，是主要公共活动集会场所；第二进院落由综合楼和教学楼围合而成；第三进院落利用原有地形，形成下沉庭院。

每栋教学楼有单独的卫生间、楼梯、室内大坡道、交流空间及屋面活动空间等。600人报告厅临近校园主入口设置，方便社会化使用。利用地形高差，在半地下风雨操场的屋顶设置200米标准跑道。立面采用"飞天"中的七种基本色彩进行点缀，体现项目的地域特征。

总体布局中各功能分区明确，教学楼通过高、中、低年级三个组团的设计方式，为不同年龄段的孩子提供了学习交流、教学互动等的活动空间，利于分别管理，同时又能保证各年级间适当的联系。建筑形体相互穿插与包裹，以色块进行点缀，校园建筑特征明显。首层架空、景观台地等使院落之间相互融通，起伏且连贯的室外空间较为丰富，单体建筑流线设计简洁流畅。

设计总负责人 • 王小工
项目经理 • 王小工
建筑 • 王小工 言语家 王铮 李楠

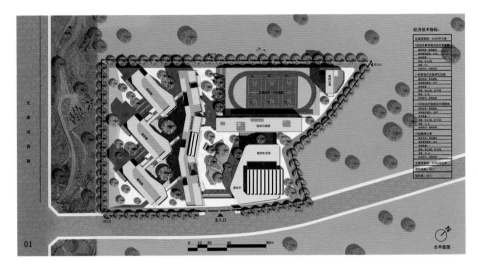

01 总平面图

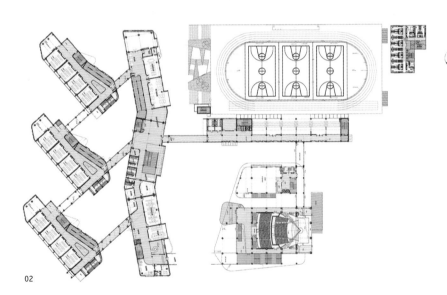

02

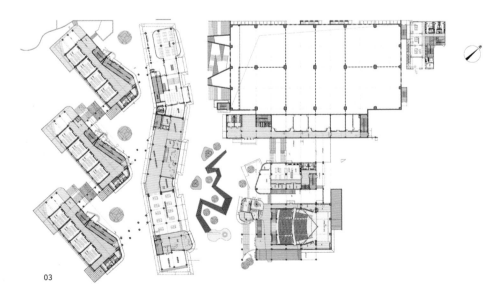

03

04

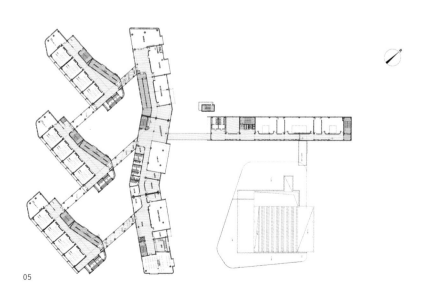

05

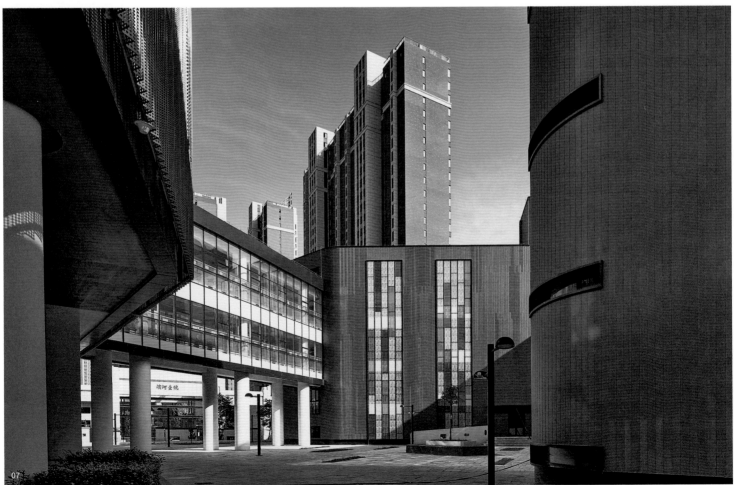

首都经济贸易大学
学术研究中心

二等奖 · 高等院校

建设地点 · 北京市丰台区	建筑高度 · 29.90 m
用地面积 · 2.40 hm²	设计时间 · 2015.02
建筑面积 · 2.51万 m²	建成时间 · 2016.09

面向校园西门，与两侧现有的校办公楼及研究生宿舍围合成入口绿地广场。建筑总平面由"一"字形教学用房和圆形报告厅组成。首、二层为800人报告厅（兼演艺功能）、新闻发布厅、报告厅、展厅；三至五层为实习室、研究室、会议室等；六层为办公会议等用房。

研究中心和原有的两栋建筑围合出完整的广场空间，对校园内外空间进行分隔，便于减少外来人员对校内人流的干扰。功能分区合理，不同人员流线设计简洁明确。核心位置设计通高中庭，解决了平面进深尺度较大的问题。立面采用红砖和灰色涂料，与周围的校园氛围协调。室内设计风格简洁恰当。

设计总负责人 · 王友礼　葛艳钢
项目经理 · 侯芳
建筑 · 王友礼　葛艳钢　宋晓鹏　郭娜静
结构 · 姜延平　曲罡　李丛　王荣芳
设备 · 陈岩　肖博伟
电气 · 师宏刚　段宏博　马晶
经济 · 王帆

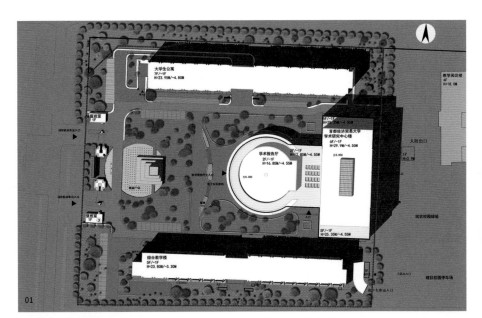

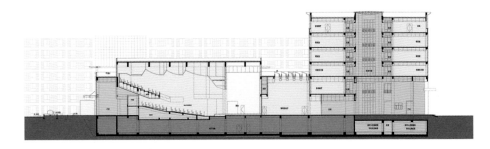

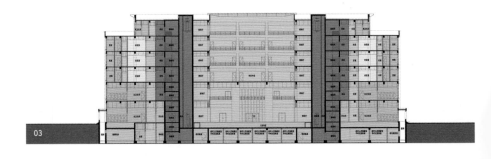

本页 07 西侧大堂

08 地下一层平面图

09 首层平面图

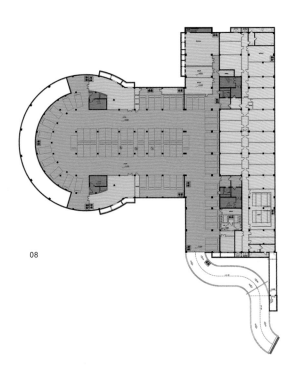

08

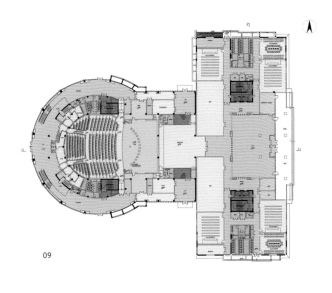

09

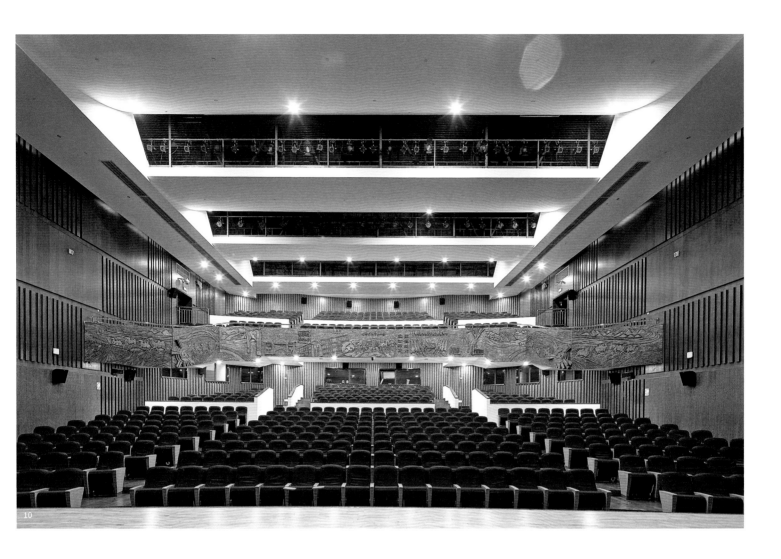

本页 10 800人报告厅

11 三层平面图

12 四、五层平面图

13 六层平面图

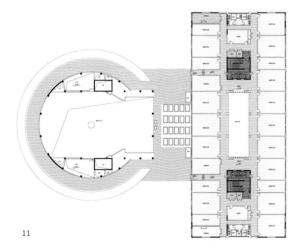

11

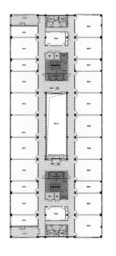

12

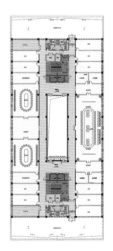

13

第 11 届 G20 峰会主会场
（杭州国际博览中心改造）

一等奖 • 建筑改造	建设地点 • 浙江省杭州市	建筑高度 • 99.95 m
专项奖 • 室内设计	用地面积 • 19.02 hm²	设计时间 • 2015.07
	建筑面积 • 17.47 万 m²	建成时间 • 2016.04

为杭州国际博览中心局部改造，在原有结构及功能布局的基础上，根据特定功能要求系统梳理落客区、出入口雨廊、大堂、迎宾区、董事会议厅、午宴厅等一系列空间布局及功能流线。设计以"大国风范，江南特色，杭州元素"为宗旨，体现出特有的功能属性与文化特色，并为"G20"会后兼具会议、会展功能，为高效运营、可持续发展创造条件。

首层西侧为会议室和多功能厅通过南偏西入口进入，东侧是媒体工作办公区及新闻发布厅（会后拆除恢复展厅功能）；首层夹层为入口雨廊、门堂、接待厅和宣传厅；二层南偏西侧为落客区、迎宾区，北偏西侧为听会室及工作区（会后改为会议功能），通过首层高官入口进入，东侧为安防工作宿舍区及指挥中心（会后拆除恢复展厅功能）通过北侧室外平台进入；三层西侧为宴会厅（会后为多功能厅），东侧为董事会议厅（会后可参观）；四层为午宴厅，外部为屋顶花园。

根据特殊功能需求，对原有建筑功能布局、流线做了较大调整，布局清晰合理，并充分考虑会后功能使用。改造部分的建筑外观和室内设计运用中国传统文化元素表现出特定的文化属性和地域风格，在整体氛围的把控、细节的表现、材料的运用等方面均体现出较高水准，彰显了"G20"会议场馆的功能特性和文化底蕴。

设计总负责人 • 刘方磊
项 目 经 理 • 焦 力
建筑 • 刘方磊　焦 力　唐 佳　赵 璐　张 涛
　　　魏长才　沈 蓝
结构 • 甄 伟　王 轶
设备 • 王 毅　曾 源　胡 宁
电气 • 余道鸿　陈 莹　刘 燕
室内 • 孙传传　陈 静

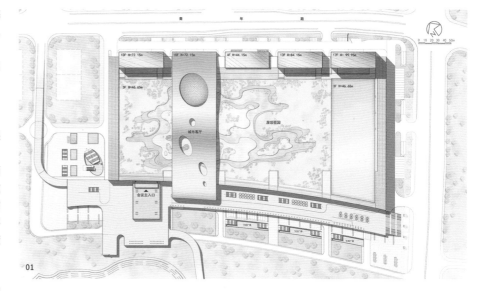

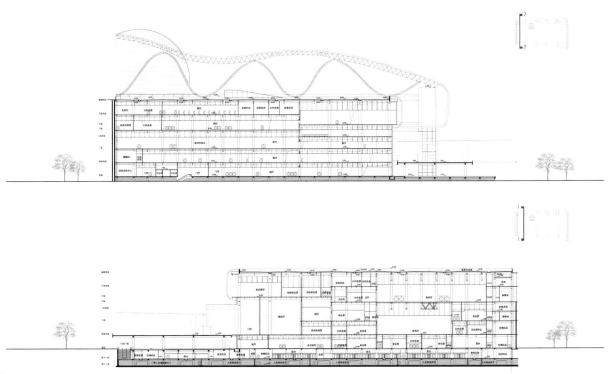

05

06

本页 08 新闻发布厅
　　 09 走廊

本页 10 午宴厅
11 宴会厅

中国人保集团总部办公楼
（西长安街 88 号改造）

二等奖 ● 建筑改造

建设地点 ● 北京市西城区　　　　建筑高度 ● 52.36 m²
用地面积 ● 1.40 hm²　　　　　　设计时间 ● 2013.04
建筑面积 ● 12.20万 m²　　　　　建成时间 ● 2016.11

由商业办公综合体改为中国人保集团总部办公楼，含建筑、结构、设备、电气、室内及园林等全专业改造。除主体结构、楼电梯及部分外墙的整体改造，重点内容包括：局部去楼板、结构柱，将首、二层形成共享大厅；将三层增 500 人无柱多功能大厅（顶部设计为屋顶花园）；十二、十三层增设室外景观平台；十一层增设签约大厅，并设南北两区景观连接通廊。在施工阶段引入 BIM 设计，解决管线碰撞问题。

因涉及长安街原有规划及相关城市保护等原因，要求保持原有建筑风貌，三层以上的墙体及玻璃幕墙保持原物，不做更新。破损的绿琉璃瓦替换为与墙面石材颜色、质感一致的暖色调琉璃瓦，屋檐下金属百叶替换为石材格栅；三层及以下和 4 个主入口部位做了精细化的石材立面的更新设计，结合超白玻璃大面积高透窗口、紫铜雕花大门及石材雕刻装饰带衬托企业标识。

首层为大堂及商业外租区，二层为人保展厅及办公外租区，三层为多功能厅、高管餐厅、多功能活动室，四层为档案室、数据机房、接待客房、卫生保健室、IT 部办公区，五至十三层为办公、会议功能等。建筑地下共 3 层，主要功能为外租商业、员工餐厅、影院、车库及辅助机房：地下三层为现状机房和机动车库，地下二层为现状物业用房、机动车库和预留展厅，地下一层为办公、餐厅、商业、现状影院、厨房、机房。

改造设计淡化了原有商业氛围，延续了既有文脉。结合使用需求的内部空间改造，在功能布局方面有提升，专业整合和细节设计控制力强，室内品质改善明显。外立面改造在局部节点做精细化重点处理，强化了大型国有保险金融机构稳重端庄的独特气质。

设计总负责人 ● 米俊仁　　王亚东　　林　华
项目经理 ● 李大鹏
建筑 ● 米俊仁　　李大鹏　　聂向东　　王亚东　　林　华
　　　　张曾峰　　解　菲　　任振华
结构 ● 卢清刚　　詹延杰
设备 ● 田进冬　　周青森
电气 ● 赵亦宁　　宋立立
经济 ● 张　菊

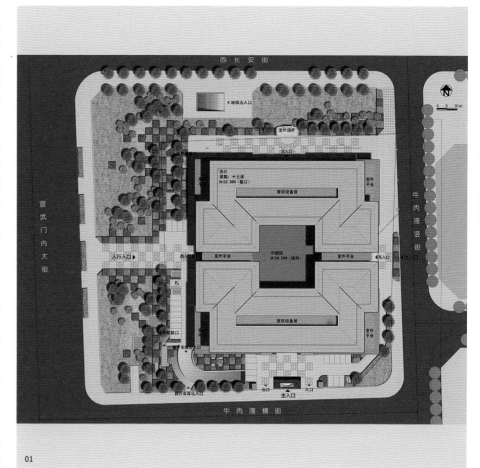

01

02

03

04

05

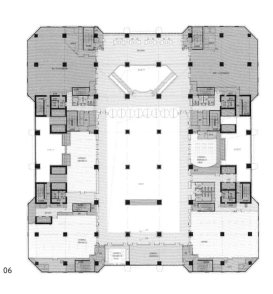

06

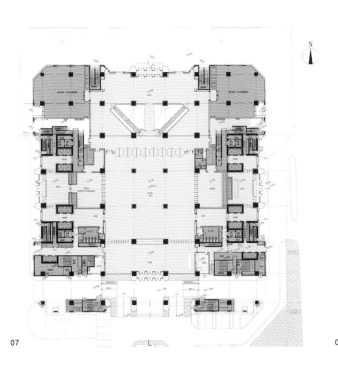

07

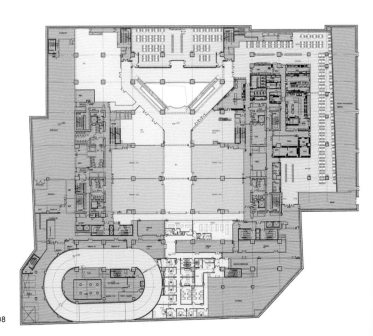

08

通用电气医疗中国研发试产运营科技园

一等奖 • 研发中心

建设地点 • 北京市大兴区
用地面积 • 5.01 hm²
建筑面积 • 7.42万 m²

建筑高度 • 28.80 m
设计时间 • 2014.04
建成时间 • 2015.11

位于亦庄经济技术开发区,用地面积和建筑面积较大。主要功能为实验、办公和公共服务用房。首层北区为园区的公共服务用房,西侧和北侧是餐厅、咖啡厅、健身中心等,东北角安排便利店、商务中心,东侧为报告厅、展厅,南区设置实验用房。首层与二层之间设置露台层,南区的露台层是室外设备区。二至四层为实验和办公用房,实验用房安排在南侧,五层为办公用房。整体布局采用大围合的形式,在保证公共区域相对开放性的同时,办公和研发实验功能空间分区设置,方便实行封闭式管理。项目通过美国LEED绿色建筑认证(C级)。

将所有的建筑功能整合,形成一个完整合院,使用效率高。功能分区采取了水平与垂直相结合,联系方便快捷。室内设计有特色,灵活布置的岛式房间,为开放大空间增添了趣味性和可识别性。

设计总负责人 • 邹雪红　朱颖
项目经理 • 朱颖
建筑 • 邹雪红　朱颖　葛亚萍　鲁晟
　　　朱琳　周彰青
结构 • 田玉香　章伟　常青
设备 • 赵伟　彭晓佳　李轩　刘昕
电气 • 杨一萍
室内 • 张涛

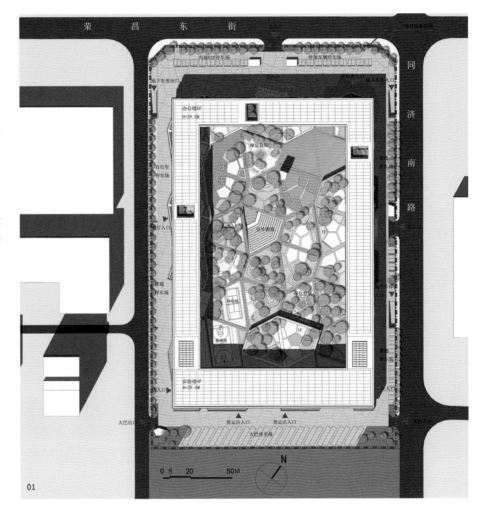

01

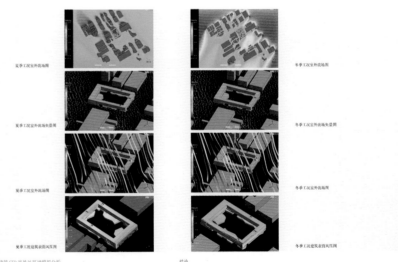

建筑CFD室外风环境模拟分析

02

03

04

05

06

118

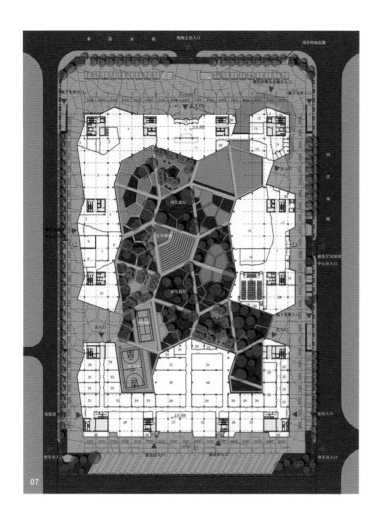

07

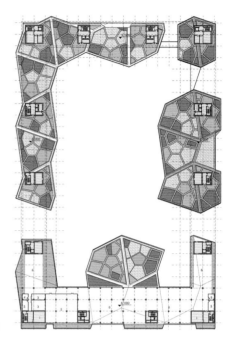

08

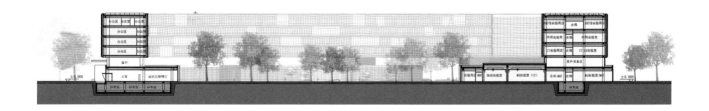

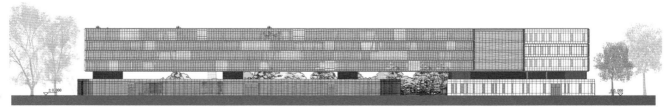

09

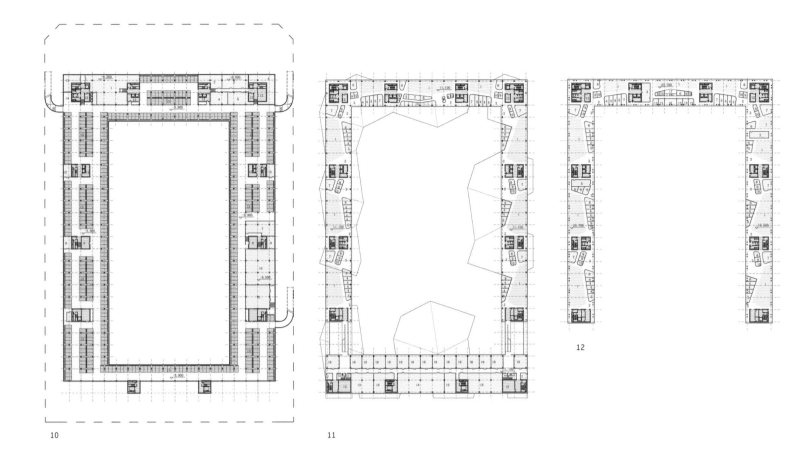

10

11

12

13

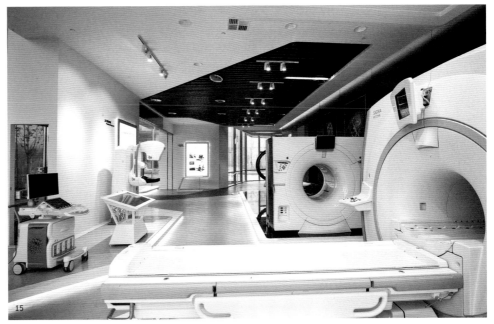

北京市药品检验所科研楼

二等奖 • 实验室

建设地点 • 北京市昌平区
用地面积 • 3.41 hm²
建筑面积 • 3.33万 m²

建筑高度 • 23.99 m
设计时间 • 2013.12
建成时间 • 2015.10

位于中关村生命科学院内，由实验楼、实验管理楼及安全评价中心组成。用地不规则，呈"S"形的曲线实验楼布置在用地的西南侧；实验楼、管理楼及安全评价中心之间设室内连廊连接。造型突出完整统一的空间形态特性：实验楼在保持实验模块的前提下，形成曲线造型；与之相配圆形实验管理楼，使建筑在格网控制下不显得呆板。

实验楼标准层采用偏置中走廊，局部设置双走廊。南侧布置数据处理及小型辅助实验室用房，北侧及中部布置主要实验用房及辅助实验室，设置4组垂直交通。平面采用大模块标准化设计，每个实验模块的面宽模数尺寸为7.2米，以实验单元的形式组织建筑，将基本的实验单元按照需要进行组合，形成实验分区。

平面简洁规整，辅助交通布置紧凑经济，有效面积的使用效率较高。实验室功能合理完备，满足实验用房复杂的专业使用要求。适度的功能分区配以线性的流线组织，形成清晰的功能流线。建筑内部色彩干净明快，符合医药建筑洁净度要求高的特性。

设计总负责人 • 李亦农　孙耀磊
项目经理 • 崔克家
建筑 • 李亦农　孙耀磊　刘晓晨　马梁
结构 • 张俏　何鑫　马文丽
设备 • 吴宇红　梁江　吴学蕾　曾若浪　战国嘉
电气 • 程春辉　董燕妮　董晓光

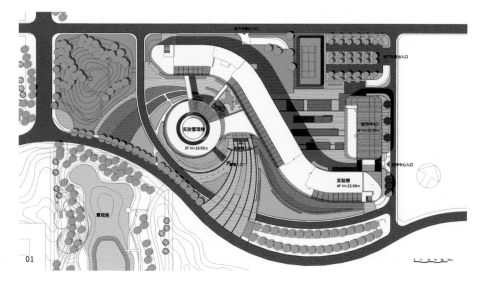

01

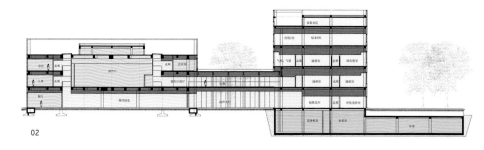

02

03

04

05

06

07

08

09

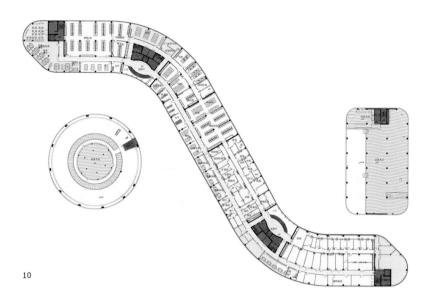

10

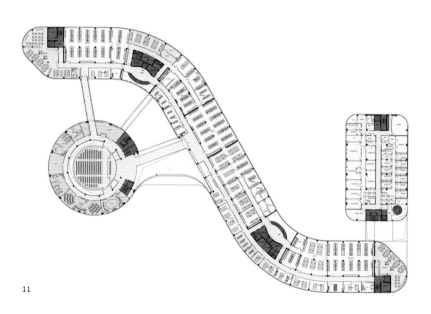

11

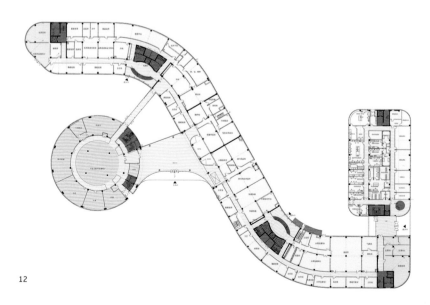

12

13

14

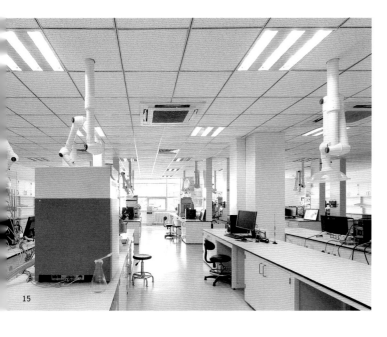

15

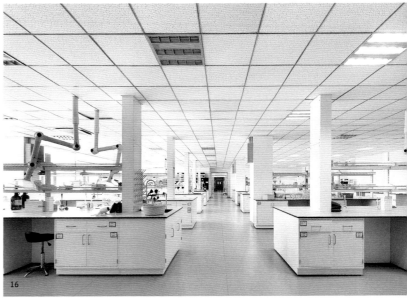

16

国家检察官学院香山校区体育中心

一等奖 · 体育中心

建设地点 · 北京市石景山区　建筑高度 · 17.00m
用地面积 · 0.73 hm²　设计时间 · 2015.05
建筑面积 · 0.58万 m²　建成时间 · 2016.06

位于国家检察官学院香山校区校园北侧，现状为自建水厂及绿化用地。注重延续校园轴线关系，协调周边建筑体量。平面沿东西向展开布置，东西两侧分别布置篮球场与网球场，两者之间布置高达3层的房间：首层为服务、淋浴、更衣、回迁水厂；二层为乒乓球室、休息、设备用房；三层为健身空间。体育场馆内最大限度利用自然采光与通风，U型玻璃等材料的运用也避免了眩光对于体育活动的干扰。

整体功能简单，布局简洁清晰。对建筑的形式、空间及专业整合表现出有效的控制力，室内外整体效果、细节表现的精细化水平高，在材料应用上有独到之处。

设计总负责人 · 李亦农　孙耀磊
项目经理 · 李亦农
建筑 · 李亦农　孙耀磊　马梁
结构 · 段世昌　周忠发
设备 · 李曼　张彬彬
电气 · 袁喜乐　赵鑫
经济 · 罗林
室内 · 顾晶

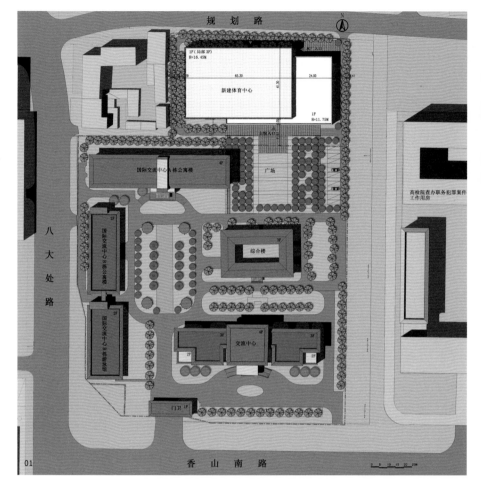

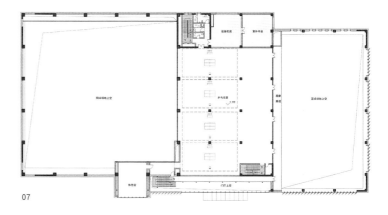

07

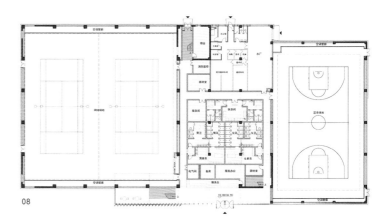

08

09

房山区兰花文化休闲公园主展馆

二等奖 ● 展览馆

建设地点 ● 北京市房山区　　　建筑高度 ● 19.15m
用地面积 ● 2.14hm²　　　　　设计时间 ● 2014.08
建筑面积 ● 1.99万m²　　　　　建成时间 ● 2015.08

与城市公共空间、景观对接，兼具多功能使用、可持续发展的特性。展馆以开放式、互动型公共空间为中心，既可用于公共聚集、集中布展，也可被划分重组形成街道店铺式的线性空间，可串联10个相对独立的多功能模块。这些模块既可独立使用，又可以组合串联，为适应今后的多种展览和活动需求提供了多种变化的可能性。

建筑形体如自然中的磐石，通过"切分"在外部完成戏剧性的虚实对比效果，在内部则构成峡谷般的空间意象——"裂开"的"空隙"与多个方向的景观道路、广场相贯通；在模糊了建筑内与外的空间界面的同时，又在内外营造出截然不同的空间体验。

建筑体块所形成的平面布局结构清晰，与园区自然景观结合紧密，体现了自身的功能特质。对会时、会后利用的适应性强，开放的公共空间丰富，建筑形体虚实对比的手法轻快简洁，外饰面完成度高。

设计总负责人 ● 徐聪艺　　张耕　　韩梅梅
项目经理 ● 杨彬
建筑 ● 徐聪艺　　张耕　　韩梅梅　　杨朋振　　张良
结构 ● 张晨军　　李俊刚　　王辉
设备 ● 张建朋　　郑帅　　徐言
电气 ● 王爽　　刘昊　　马岩
经济 ● 袁雯雯

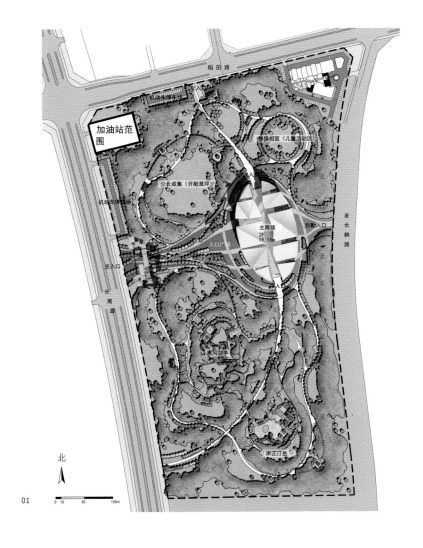

北

01　0　10　50　100m

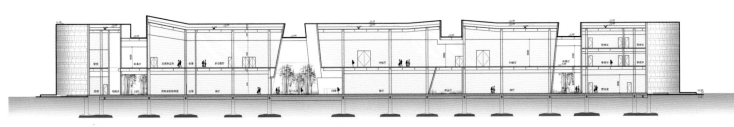

02

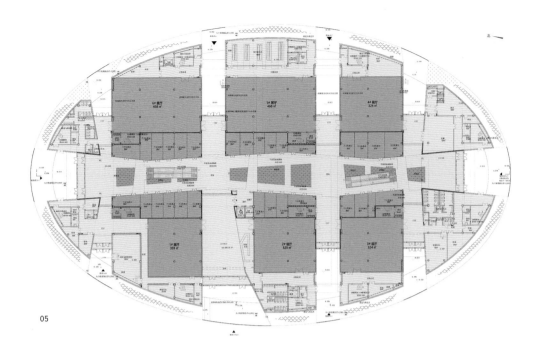

05

本页 05 首层平面图
06 公共大厅

06

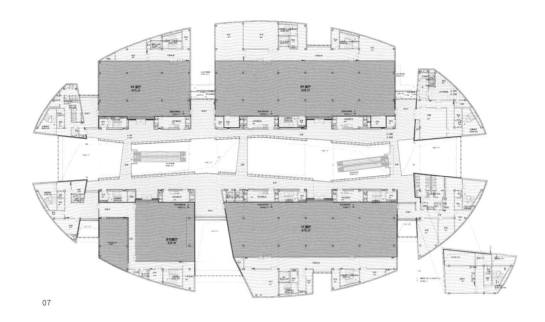

07

本页　　07　二层平面图
　　　　08-09　公共大厅

北京恒泰广场

一等奖 • 综合楼

建设地点 • 北京市丰台区　　　建筑高度 • 99.90m
用地面积 • 5.73 hm²　　　　　设计时间 • 2013.01
建筑面积 • 23.33万 m²　　　　建成时间 • 2015.09

集高档办公、购物、餐饮、影视及休闲娱乐于一体的城市综合体。建筑与地铁10号线及14号线出入口实现地下直接连通，充分利用轨道交通的便捷性；强调出行、办公、商业统一性及完整性。设计有广场景观、沿街绿化和集中绿化带，考虑绿化停车和屋顶绿化。

地下一层为立体自行车库、商业、展览及藏品库房、物业用房，地下二层为地铁出入口、商业、机房、物业办公及少量会议室、员工餐厅；地下三至四层为车库。地上西面为大空间商业，一至五层为商业、餐饮，六层为放映厅；东侧3个办公主体裙房有独立办公大堂和配套的会议商业用房，标准层办公空间，4米层高，2.9米净高。

功能分区明确，流线清晰，解决了地铁、商业及办公功能的布置及衔接。整体性控制好，立面及室内设计等有细节表现。

设计总负责人 • 高　颖
项目经理 • 李　晖
建筑 • 李　晖　　高　颖　　吴光生　　陈　彦
　　　　刘　骥　　周　雷
结构 • 张建良　　周　钢　　胡　晟
设备 • 于　震　　陈　卓
电气 • 毕全尧　　何　强

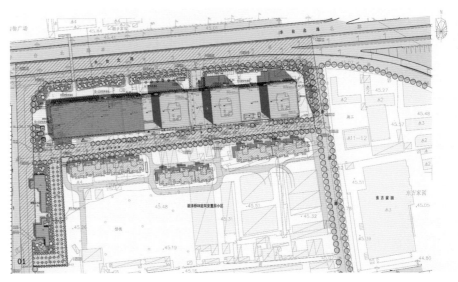

01

02

03

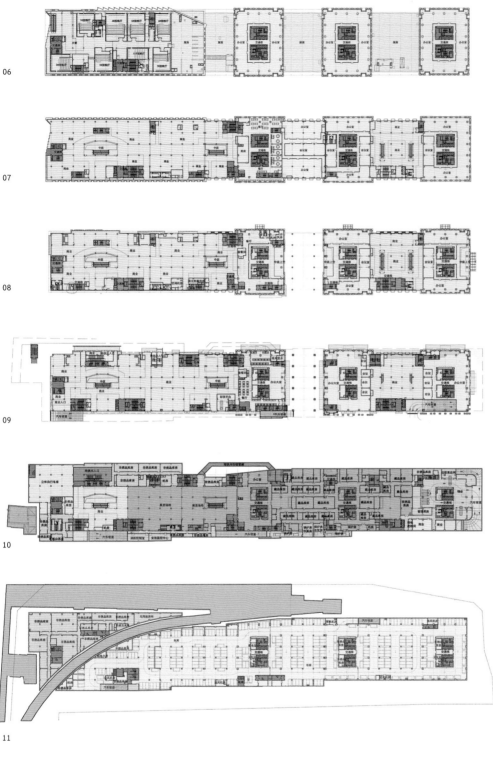

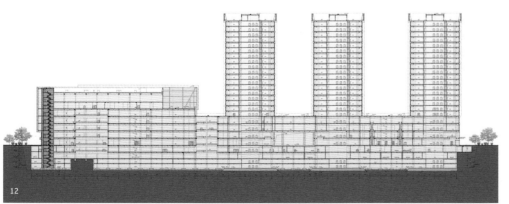

乐成恭和家园

二等奖 • 养老建筑

建设地点 • 北京市朝阳区
用地面积 • 2.72 hm²
建筑面积 • 4.91万 m²
建筑高度 • 18.00 m

设计时间 • 2015.11
建成时间 • 2016.12
合作设计 • TA建筑设计事务所（澳大利亚）

集老年人居住、活动、护理及医疗等功能于一体的综合性养老建筑。分为以健康老人为主的老年公寓区和专为失能老人提供照料服务的护理院。两区之间及公寓各楼栋间通过以餐饮、娱乐、公共活动为主的公共区串联。老年公寓单廊布置，全部朝南；护理中心呈围合庭院形态，相对封闭和独立；活动园区由建筑分枝划分为不同主题的室外分区；员工或访客可以从地下通过公共区垂直交通方便地到达公寓或护理区。建筑内活动室、走廊等公共区空间开敞，保证服务人员和居民之间的良好可视性，以被动监测的方式给予老人最大程度的安全感。装饰材料以质感涂料、陶板及玻璃为主。

内部流线清晰通畅、逻辑简单，公寓区与公共活动区联系便捷，且与护理院之间划分清晰，互相独立；设置有私密空间、公共交流空间、医疗空间和园区环境；从室内外风格、庭院及养老设施细节考虑较好，整体贴合老年建筑要求，营造了较适宜的养老建筑环境。

设计总负责人 • 刘 蓬　　王轶楠
项 目 经 理 • 陈彬磊
建筑 • 刘 蓬　　王轶楠　　周轲婧　　孟 璐
结构 • 黄中杰　　郭子阳　　邸亚威
设备 • 田进冬　　赵 煜　　王盼绿　　谢 盟　　张彬彬
电气 • 刘 青　　贾云超　　刘 腾

本页 06 主入口

07 首层平面图

08 二层平面图

07

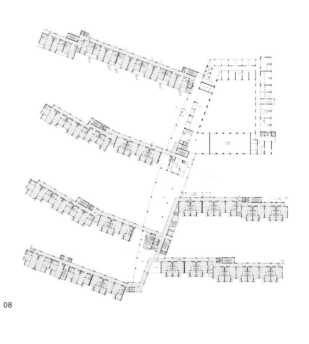

08

本页 09 大堂　　　　12 公寓卫生间

　　　10 护理区接待中心　13 三层平面图

　　　11 公寓　　　　　14 四层平面图

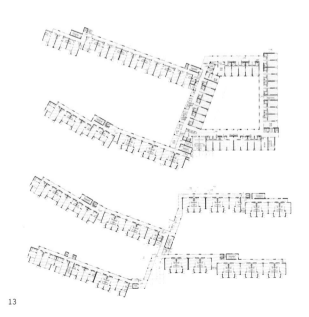

13

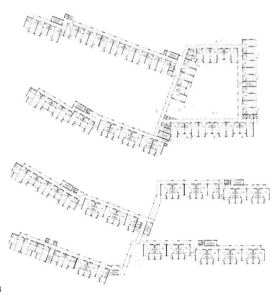

14

廊坊新世界家园三区

一等奖 • 高层住宅

建设地点 • 廊坊市尖塔区
用地面积 • 4.69 hm²
建筑面积 • 5.70 万 m²

建筑高度 • 79.95 m
设计时间 • 2013.09
建成时间 • 2015.10

用地北面为城市绿化带，东面为银河北路，南接北凤路，西面为城市规划道路，东南与特校相邻。用地分为三区，住宅楼一区规划为5栋；二区为4栋；三区为10栋楼。

采用"新城市主义住宅区"理念进行住区的规划，功能布局合理，设有中心大绿地，完全实现人车分流。通过南北向空间主轴线联系各组团，营造绿色宜居社区。

作为大型地产商进入廊坊北部新区的开端项目，立面设计手法细腻，在当地起到示范作用。户型设计精细，有80～220平方米多种标准。

设计总负责人 • 刘晓钟　高羚耀　张凤
项目经理 • 刘晓钟
建筑 • 刘晓钟　高羚耀　张凤　张建荣
　　　　许涛　孟欣
结构 • 韩起勋　叶左群　张连河
设备 • 黄涛　马龙　张妍
电气 • 王晖　侯涛　谭天博

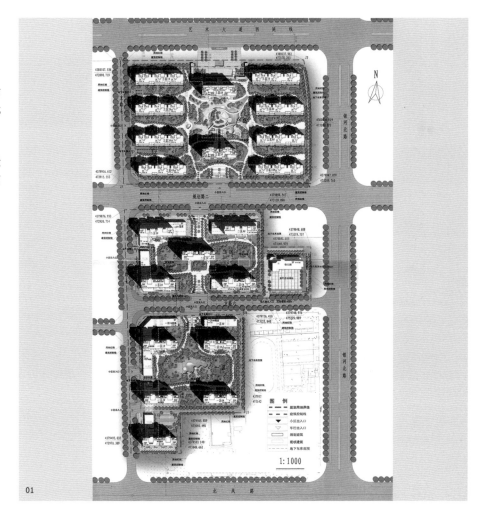

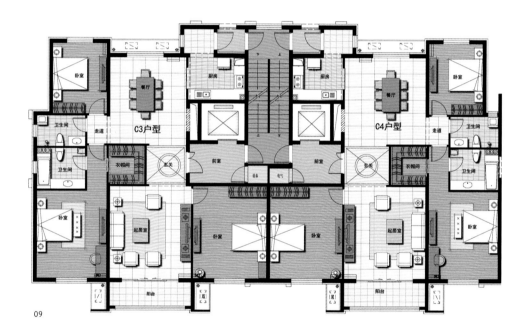

09

10

13

14

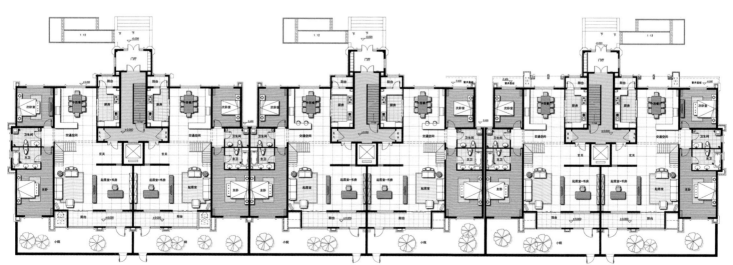

15

沈阳万科春河里装配式住宅 4、7、10 号楼

二等奖 • 高层住宅

建设地点 • 沈阳市沈河区
用地面积 • 8.14 hm²
建筑面积 • 5.34 万 m²

建筑高度 • 99.85 m
设计时间 • 2012.04
建成时间 • 2016.06

位于沈河区文艺路与彩塔街交界，西北侧临南运河和沿河绿化带，周边为辽宁广播电视塔、青年公园、辽宁省政府等地标性建筑，东侧紧邻青年大街。整个项目总建筑面积 43.2 万平方米，共分三期开发。春河里融合了居住、休闲及现代商务等众多功能。作为沈阳首批装配式建筑，采用了装配式剪力墙结构体系，预制的外墙、内墙、楼梯、阳台、叠合楼板及一体化装修等产业化产品和生产建造新技术，是国内首栋百米装配式剪力墙结构住宅。

住宅单元和套型设计精细，采用成熟装配式建筑技术和部品。立面风格简洁，采用预制部品。

设计总负责人 • 王 炜
项目经理 • 陈 彤
建筑 • 王 炜 刘 畅
结构 • 郭惠琴 马 涛 田 东 陈 彤
　　　段世昌 张 沂
设备 • 王 颖
电气 • 蒋 楠

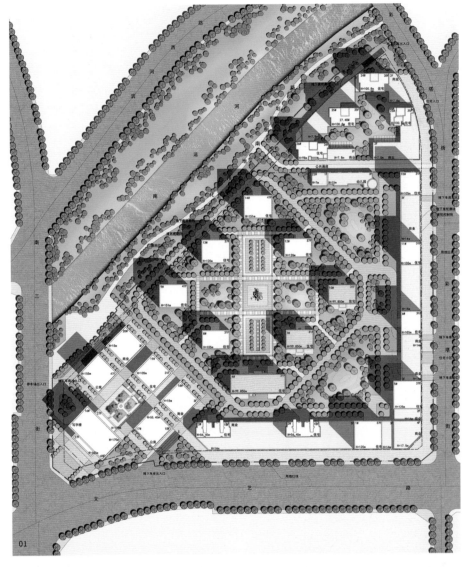

01

02

03

04

05

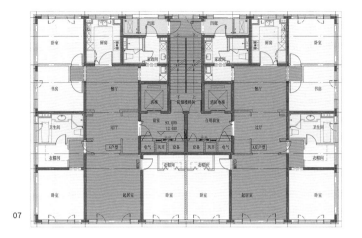

07

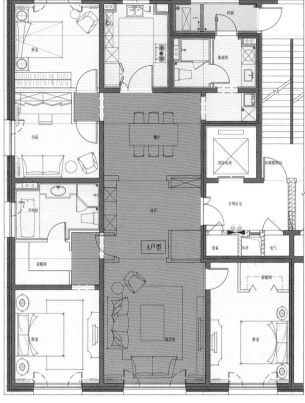

10

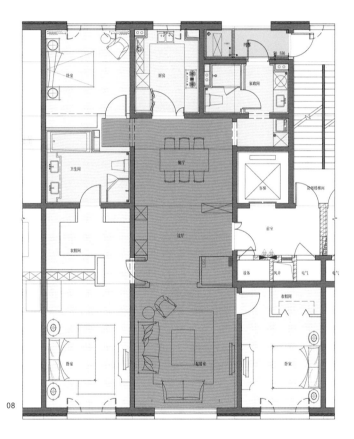

08

09

保温装饰一体化外墙板＋瓷砖返打技术＋干挂铝板（埋件预留）实现了无外架施工和全干法公建化立面效果

一体化外墙板
工厂预留埋件

瓷砖反打技术＋干挂铝板

11

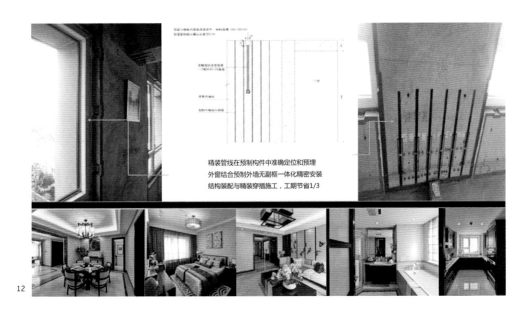

精装管线在预制构件中准确定位和预埋
外窗结合预制外墙无副框一体化精密安装
结构装配与精装穿插施工，工期节省1/3

12

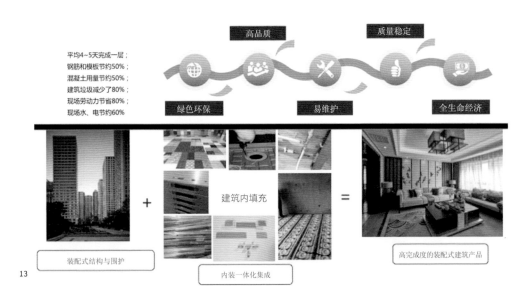

平均4~5天完成一层；
钢筋和模板节约50%；
混凝土用量节约50%；
建筑垃圾减少了80%；
现场劳动力节省80%；
现场水、电节约60%

高品质　　质量稳定

绿色环保　　易维护　　全生命经济

建筑内填充

装配式结构与围护　＋　内装一体化集成　＝　高完成度的装配式建筑产品

13

深圳华为杨美员工宿舍

二等奖 • 宿舍

建设地点 • 深圳市龙岗区
用地面积 • 6.98 hm²
建筑面积 • 17.56 万 m²

建筑高度 • 87.90 m
设计时间 • 2013.10
建成时间 • 2016.06

主要功能为员工宿舍及相关配套设施。基地分为南北两个部分——北区为短租宿舍，由1栋板式高层建筑及其裙房组成；主要功能为招待酒店、车库等。南区为长租宿舍，由8栋板式高层建筑组成；主要功能为长租宿舍、车库以及沿街底商。各栋建筑在地下连成一体。总体规划思路为：降低建筑覆盖率，以提供充分的室外绿化空间，营造丰富开阔的内部园林；户型的朝向、景观、通风具有均好性；采用自然园林式布局，地形高低错落，变化丰富。

规划简洁，交通流畅，建筑群体协调。

设计总负责人 • 王亦知　马悦　金霞　田晶
项目经理 • 潘旗
建筑 • 王亦知　马悦　金霞　岳光
　　　刘芳　田晶　杜立军
结构 • 杨洁　池鑫　欧阳蔚　许刚
设备 • 王威　李大玮
电气 • 杨明轲　何一达

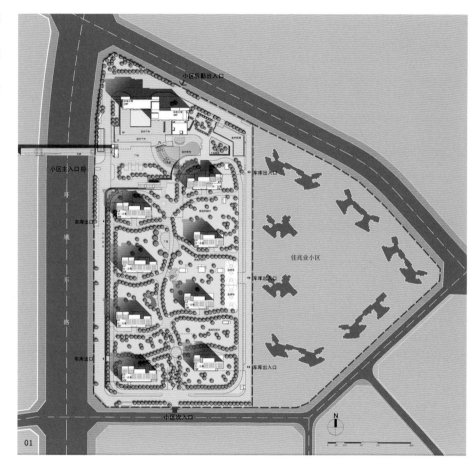

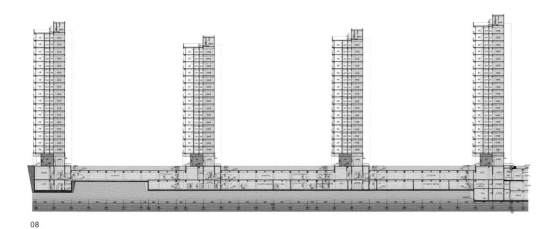

08

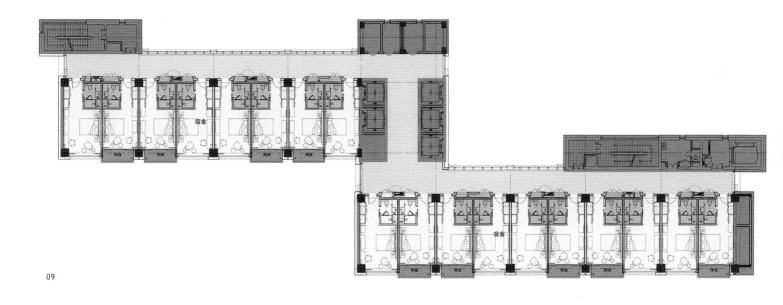

09

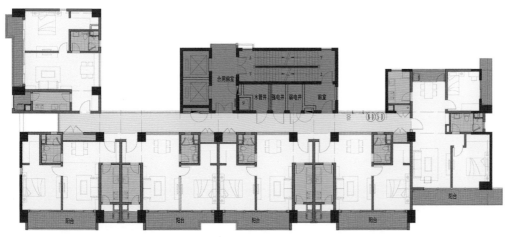

10

芳锦园 7 ~ 13 号住宅楼

二等奖 • 高层住宅

建设地点 • 北京市平谷区
用地面积 • 7.32 hm²
建筑面积 • 7.90 万 m²

建筑高度 • 57.40 m
设计时间 • 2013.12
建成时间 • 2016.07

位于马坊京平高速与密三路的交叉口，用地紧邻小龙河和森林公园。小区共两块住宅组团，功能为商品住宅及相应的配套公建。总体布局为北侧 13 栋 13 ~ 18 层的单元式板楼，南侧 48 栋 3 层的低密度联排别墅。配套公建设在最北侧住宅的首层，沿街布置。板楼区的 7 ~ 13 号楼，均为单元式板楼。

平面简洁，面宽条件充裕；局部北向交通核采用暗楼梯间。造型力求住宅立面公寓化，将空调机位作为丰富立面的重要元素，采用较鲜亮的橙色并做深浅不一的变化。

设计总负责人 • 胡 越　林东利
项 目 经 理 • 邰方晴
建筑 • 胡 越　邰方晴　林东利
结构 • 马洪步　奚 琦　李国强
设备 • 葛 昕　陈 莉
电气 • 吴 威　赵 洁　孙 林　张 林

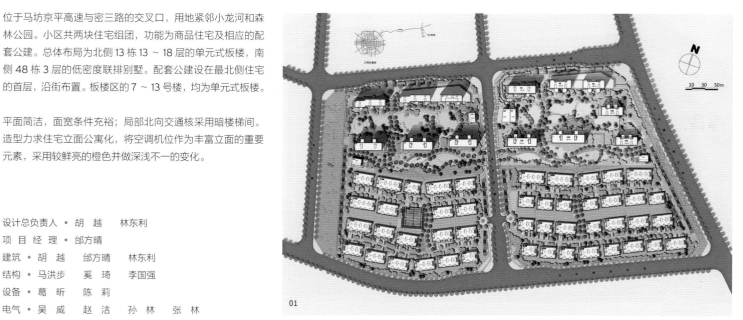

01

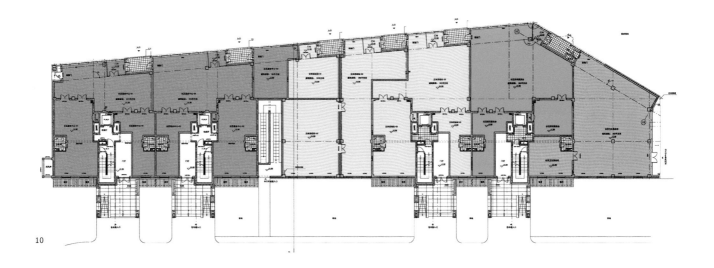

10

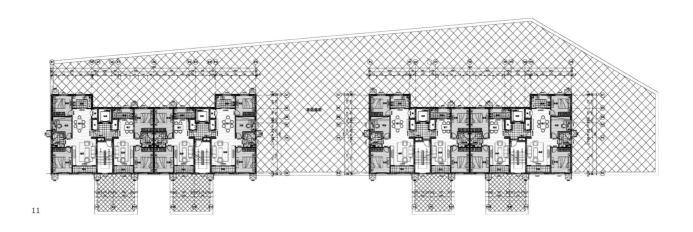

11

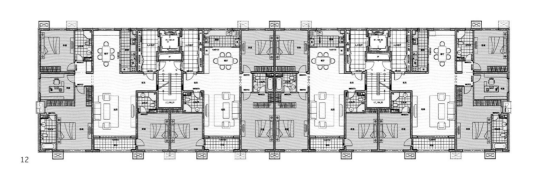

12

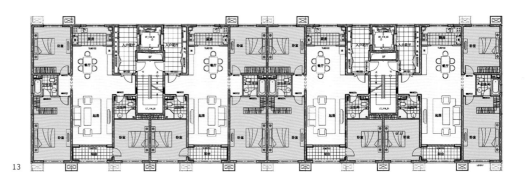

13

天津嘉海花园 8~21 号楼

二等奖 • 高层住宅

建设地点 • 天津市河北区
用地面积 • 13.00 hm²
建筑面积 • 27.00 万 m²

建筑高度 • 118.85 m
设计时间 • 2014.03
建成时间 • 2016.05

主要功能为住宅、沿街商业、配套服务设施等。总体布局上考虑建筑布局融入区域的城市肌理。翔纬路一侧布置沿街商业，与嘉海一期一起形成沿街商业界面。用地东北侧设置配套服务楼，形成辐射周边居住区的服务中心。基地东侧布置中学，中央布置居住区。建筑以围合式的布局，形成南北两个景观公园（90 米进深，220 米面宽）。小区南侧布置 100 米以上高度的住宅，顺应城市形象；东北侧设置 7 层住宅，避免对现有住宅的影响。

总体规划和建筑设计较细致，与周边环境协调。

设计总负责人 • 林卫　王云舒　韩薇
项目经理 • 林卫　刘均
建筑 • 林卫　王云舒　韩薇　李庆双
　　　　闫洁　吴凡
结构 • 徐东　李万斌
设备 • 刘均　俞振乾　张辉　吴佳彦　张磊
电气 • 罗明　蔡琳丽

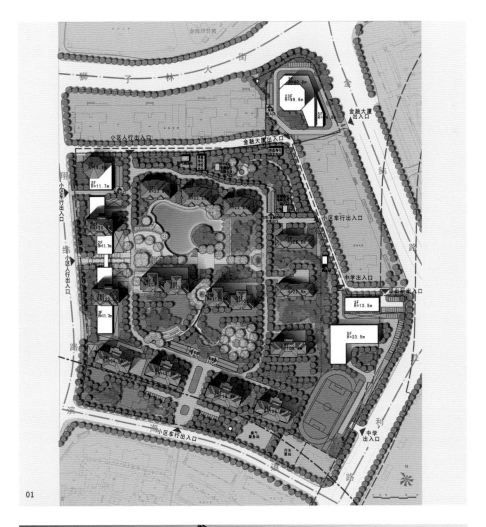

01

03

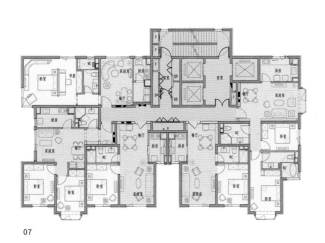

07

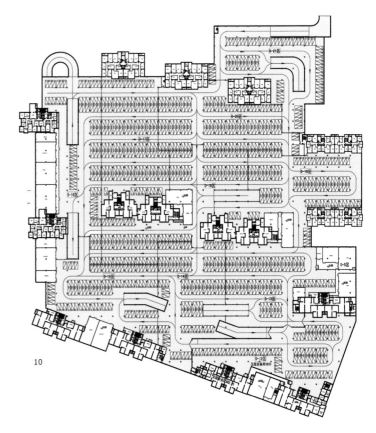

10

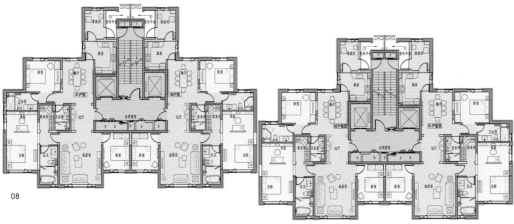

08

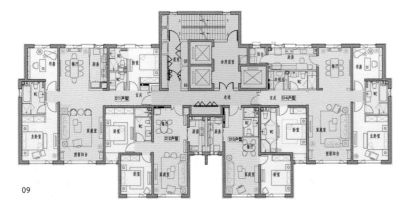

09

前门三里河及周边恢复整治项目规划设计

二等奖 • 城市规划　　建设地点 • 北京市东城区　　编制时间 • 2016.09
　　　　　　　　　　用地面积 • 18.00 hm²　　　批复时间 • 2017.06

位于天安门附近的鲜鱼口历史文化保护区之中，结合城市、围绕河流、合理地开展整体概念设计。项目以"老胡同，新生活"为理念，提出城市减灾、民生改善、风貌重塑、城市织补、空间提升、文脉传承、生态修复、设施完善等"八大规划理念"。在规划中，注意保留原有胡同规制和道路肌理，提升居民生活环境，进而提高居民生活品质。

目前已经修复前门三里河水系。水系贯穿老街巷，焕发新活力。整条河流设计，为了保护完整的文物建筑，围绕建筑周边布置河流走向，并安排了桥、汀步和廊厅，河道两侧种植多处花卉及植物，环境宜人。

此为有新意的区域景观规划的城市设计方式。景观带开放以来，得到众多媒体报道并受到市民和游客的喜爱。

设计总负责人 • 吴 晨　　郑 天
项目经理 • 吴 晨
建筑 • 吴 晨　　郑 天　　王 斌　　李 想　　贾金旺
　　　马 喆　　吕文君　　刘 钢　　吕 玥　　杨 睿
　　　沈 洋　　李竹影　　马振猛　　杨艳秋　　施 媛

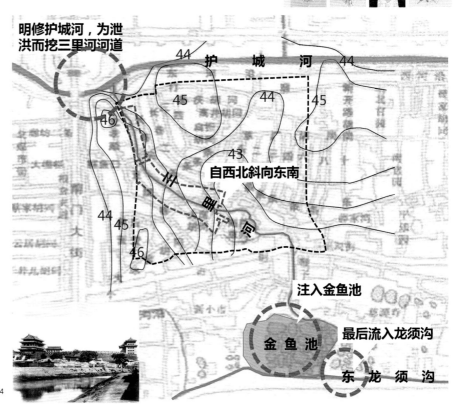

明修护城河，为泄洪而挖三里河河道

护　城　河

自西北斜向东南

注入金鱼池

金鱼池

最后流入龙须沟

东　龙　须　沟

04

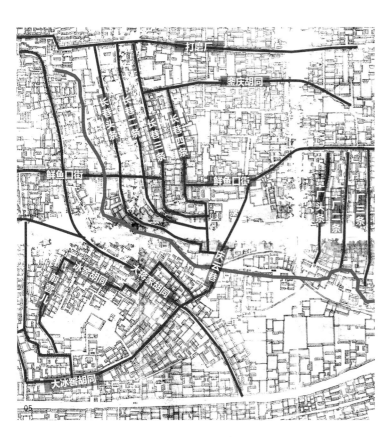

05

文物保护单位
文物普查单位
挂牌保护院落
有历史价值的建筑

06

八景之一：汇流引心
位于溪流北端，也是水流进入设计场所，聚水转折的重要景观视轴节点。宜于塑造开敞的水空间。

八景之二：水云集芳
通过水面上草本植物的种植，使得水面、雾气、花卉等组成怡人的水岸空间。

八景之三：流觞思源
结合亭子与传统"曲水流觞"的水景用法，结合低矮植物种植，打造"水源"的景观意向，充满了上古文人气质。

八景之四：临流凝翠
通过水岸边油松、桧柏等常绿树种植，打造多层次的绿色植物水岸空间。

八景之五：水木明瑟
通过大量乔木和灌木的种植，打造林下水岸空间。

八景之六：仁山智水
通过水流和山石作为空间的主题，将倒影、石景和镜水面结合起来。

八景之七：水岸汀疏
通过水岸边挺水植物和浮水植物的组合，将水岸边植物层次打造起来。

八景之八：颐静清韵
通过荷花池的打造，呈现清漪摇曳，池水清韵的景观效果。

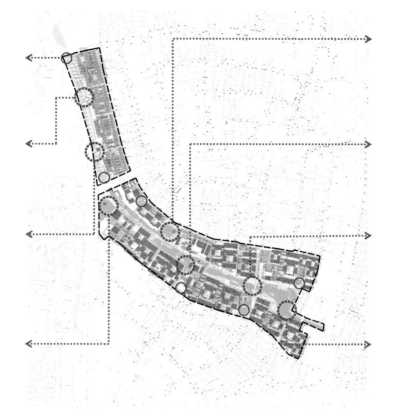

09

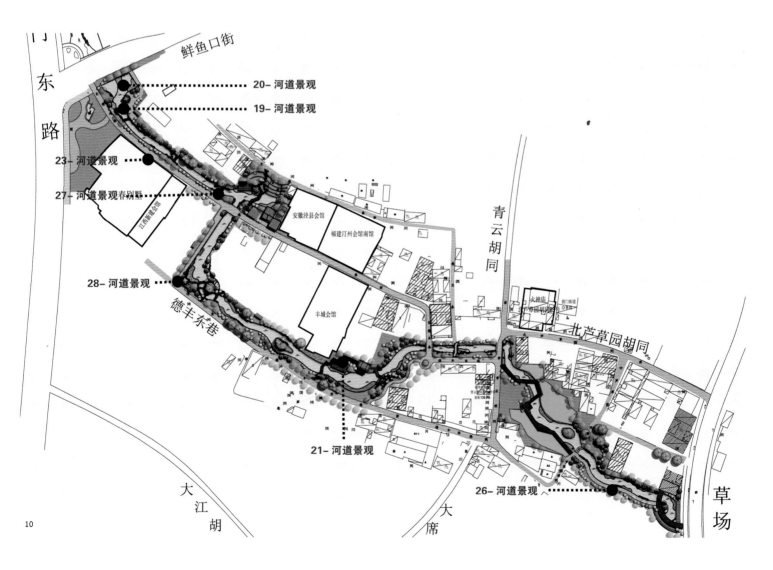

10

南锣鼓巷历史文化街区风貌保护管控导则

二等奖 • 城市规划

建设地点 • 北京市东城区

用地面积 • 88.00 hm²

编制时间 • 2016.12

批复时间 • 2017.06

设计团队针对南锣鼓巷 0.88 平方公里展开深入调研，研究大区域内的历史空间格局，通过调查分析南锣鼓巷地区建筑风貌基本情况，归纳并总结出地区现状建筑的主要风貌特点，对地区总体建筑风貌进行综合评估。

将相关的法律、法规、规章、规范性文件等进行了梳理，对南锣鼓巷特有的历史风貌、文化特色、建筑格局等"基因"进行了提取，总结出建筑风貌的主要控制要素及形式，提炼出建筑风貌的主题特征及设计要点。

同步建立管控体系和管控平台统筹规划、建设、管理三大环节。最终编制包含多个方面的南锣鼓巷历史文化街区风貌管控导则。为今后的地区风貌保护工作提供导向。

导则在老城区更新改造中发挥积极作用。

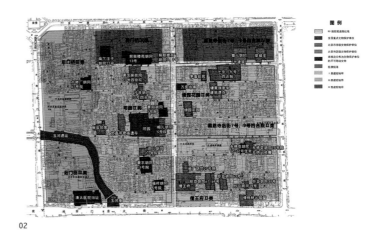

01

设计总负责人 • 吴 晨　郑 天

项目经理 • 吴 晨

建筑 • 吴 晨　郑 天　沈 洋　贾金旺　肖 静
　　　李 婧　杨艳秋　吕 玥　李竹影　李 想
　　　施 媛　杨 睿　吕文君　刘 钢　孙 慧

03

04

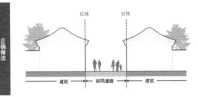

正确做法

- 应保持传统胡同尺度，严格控制合法建筑退线。
- 胡同上空应保证整洁干净。

错误做法

- 胡同内擅自设置架空电线、线杆，随意搭建建筑物、构筑物，擅自堆放杂物。

05

正确做法

- 建筑屋脊高度与檐口高度应按照房屋登记高度控制，维护地区传统风貌。
- H 为屋脊高度 h 为檐口高度

错误做法

- 随意增加屋脊高度或檐口高度，破坏房屋规制。
- H′ 为拟建脊高 h′ 为拟建檐口高度

06

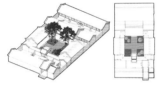

正确做法

- 庭院原有树木应保留、复壮，并对庭院内绿化进行适当修整，清理庭院甬路以方便庭院生活；如存在枯树、影响安全的树木，应向区园林部门进行申报，进行处理。

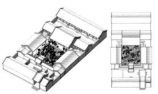

错误做法

- 破坏院落及街道原有绿化，院内公共空间被占用，丧失绿化空间。

07

正确做法

- 旗杆座应统一样式，与传统风貌相协调；安装高度应保持一致，安装于墙体或门框上；旗杆座下底距地面高度 1~1.5 米，体量较大的门下底距地面高度 1.5~2 米，建筑物外墙墙面旗座角度应为 42°±3°。

错误做法

- 采用与本地区风貌不符的旗杆座形式，擅自设置旗杆座位置。

08

09

正确做法

- 宜实行一店一招，单一店铺仅可选择牌匾或侧招一种形式。
- 侧招为悬挂式，每家店仅限设置一处，宜使用传统风格的招幌；招幌底部距地面不小于 2200mm；高度不宜大于 900mm，突出建筑外墙宽度不宜大于 500mm，不得影响行人。

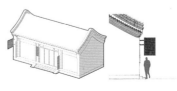

错误做法

- 侧招的色彩、样式与牌匾要求相同，与整体建筑风貌不协调。

10

南锣鼓巷 49 号

改造前

改造后

南锣鼓巷 88 号

改造前

改造后

南锣鼓巷 110 号

改造前

改造后

南锣鼓巷 124 号

改造前

改造后

青岛海尔全球创新模式研究中心室内设计

专项奖 • 室内设计

建设地点 • 青岛市崂山区
用地面积 • 1.80 hm²
建筑面积 • 3.55万 m²

建筑高度 • 19.62 m
设计时间 • 2015.12
建成时间 • 2016.05

位于崂山区东海东路以南。除少部分楼梯等空间，室内设计范围主要为地下一层、首层及二层全部主要用房或空间；包括：地下一层多功能厅（即 IMAX 影厅）、餐饮及车库；一层为序厅、综合展厅及商务中心；二层为国际会议中心、海尔商学院、创客中心、国家工程实验室及工作室等。一至二层的中心区域利用高差、空间流通营造空间。中心将通过互动体验，形成具有公众参与职能的互联网体验空间。

礼堂会议区延续建筑结构美，以与建筑相呼应的造型进行切割，集成照明、吸声等功能，同时给人强烈视觉冲击。展厅设计结合所需功能，运用三角形的设计元素，采用非固定式隔板，可移动、活动展板，自由组装拼接满足各类展览陈设需求。以科技"智慧方舟"为设计思想，融合"智慧""科技""创新"的理念，保持建筑结构的通透性，以线、面为元素将光和影的变化融入空间中，给人以不同的感受和体验。

设计性格把握得当，在理念、风格、手法上与建筑设计有良好的关联与呼应，强化了建筑特色。室内主要为公共区域的表皮，色调明亮，开敞豁亮，现代感强，整体风格协调。吊顶及地面有精细化设计，吊顶的三角形光区有一定的设计感。设计元素及手法充分体现科技主题和文化特色。

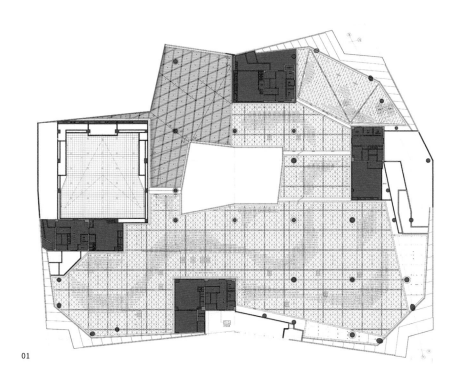

01

设计总负责人 • 曹殿龙
项 目 经 理 • 张 涛
建筑 • 高伸初
环艺 • 曹殿龙 刘山林
艺术 • 王 盟
装潢 • 王宝泉

02

03

04

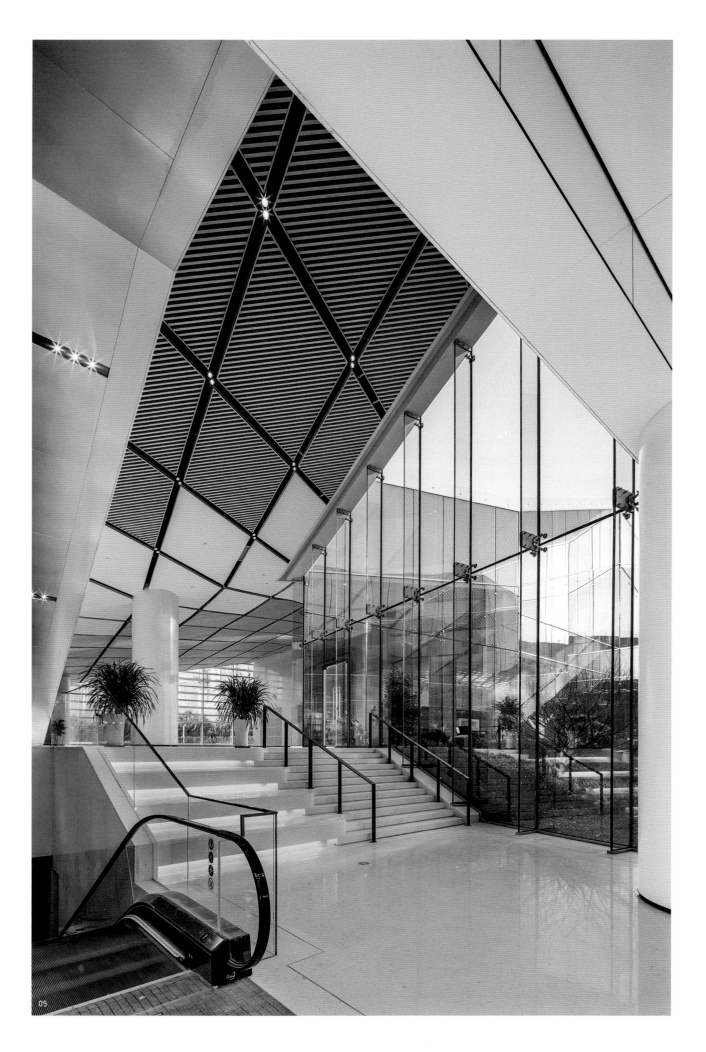

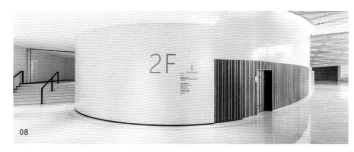

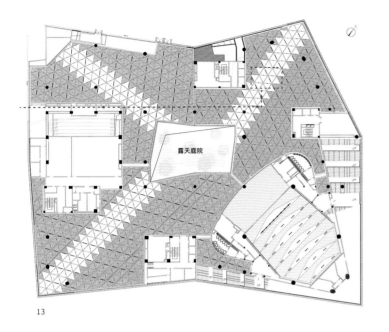

13

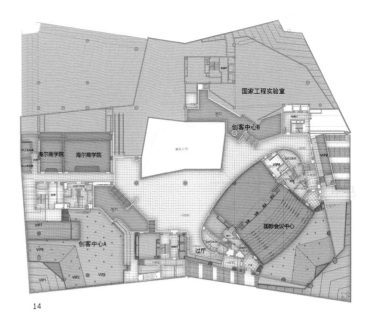

14

15

乌镇互联网国际会展中心室内设计

专项奖 ● 室内设计

建设地点 ● 浙江省嘉兴市
用地面积 ● 2.60 hm²
建筑面积 ● 8.29万 m²

建筑高度 ● 17.65 m
设计时间 ● 2015.12
建成时间 ● 2016.04

是为2015~2016年"第三届世界互联网国际大会"而建设的永久会议中心,分为会议中心、接待中心及展览中心3部分;考虑建成后的运营方式,是可兼顾多种经营可能的会议会展中心。室内设计还包括了照明设计、标识导视设计和艺术品设计。整体分为南北分展厅和主会场两个区域,中间是门厅和室外景区。会议部分:首层为主会场、中外贵宾休息室、剧场、会议室及厨房等功能;二层为各种规格会议室。展厅部分:首层为"七小一大"共8个展厅;二层仅余7小展厅。每个展厅有各自的货流,首层通过室外廊道、二层通过连廊相连通。

通过古典文化语素的演绎与运用,一方面积极响应国际会议的功能特质,另一方面展现出多元的地域文化特色和底蕴。整体风格协调,重点空间的氛围及细节特色鲜明。

设计总负责人 ● 张　涛
项 目 经 理 ● 沈　蓝
方案 ● 张　涛　曹殿龙　刘山林　孙传传
　　　 王　盟　陈　静
深化 ● 王立刚

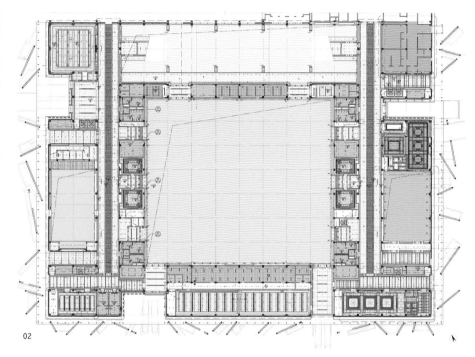

02

03

01

04

05

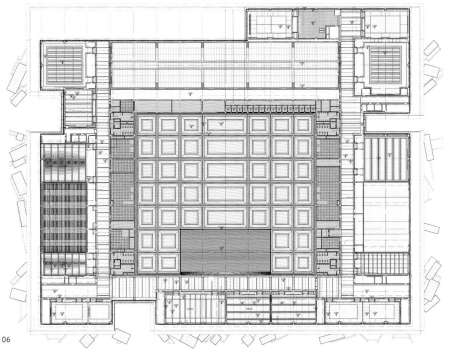

06

07

本页 08 中方接待室

09 外方接待室

本页　10　双边会议厅
　　　11　大剧场

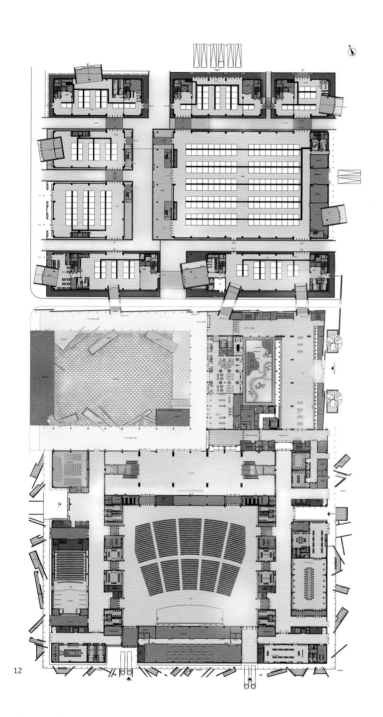

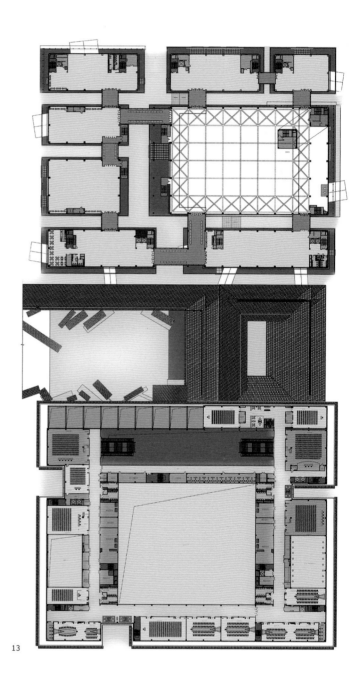

12

13

本页 12 首层总平面图
13 二层总平面图

14

本页 14 VIP 咖啡厅

其他获奖项目

中央网络安全和信息化业务用房

二 等 奖 • 政府办公
建设地点 • 北京市西城区
用地面积 • 0.59 hm²
建筑面积 • 3.54 万 m²
建筑高度 • 32.30 m
设计时间 • 2016.03
建成时间 • 2016.03

中国华能集团人才创新创业基地
——实验楼 A、B 座及后勤服务中心

三 等 奖 • 实验室
建设地点 • 北京市昌平区
用地面积 • 12.69 hm²
建筑面积 • 8.19 万 m²
建筑高度 • 42.75 m
设计时间 • 2012.09
建成时间 • 2015.09
合作设计 • PERKINS+WILL

马拉维国家体育场

三 等 奖 • 体育场
建设地点 • 马拉维共和国利隆圭市
用地面积 • 18.11 hm²
建筑面积 • 4.34 万 m²
建筑高度 • 56.00 m
设计时间 • 2013.11
建成时间 • 2015.11
合作设计 • 华体集团北京体育设施设计中心

北京理工大学良乡校区工业生态楼

三 等 奖 • 高等院校
建设地点 • 北京市房山区
用地面积 • 1.65 hm²
建筑面积 • 2.41 万 m²
建筑高度 • 45.00 m
设计时间 • 2011.12
建成时间 • 2013.12

北京官园合院

三 等 奖 • 金融办公
建设地点 • 北京市西城区
用地面积 • 0.26 hm²
建筑面积 • 0.82 万 m²
建筑高度 • 7.40 m
设计时间 • 2014.02
建成时间 • 2016.03

丰台科技体育馆

三 等 奖 • 体育馆
建设地点 • 北京市丰台区
用地面积 • 19.19 hm²
建筑面积 • 1.25 万 m²
建筑高度 • 24.00 m
设计时间 • 2013.04
建成时间 • 2014.12

西二旗西城区旧城保护
定向安置房二期

三 等 奖 • 高层住宅
建设地点 • 北京市昌平区
用地面积 • 9.94 hm²
建筑面积 • 35.94 万 m²
建筑高度 • 96.91 m
设计时间 • 2013.10
建成时间 • 2015.12

图书在版编目（CIP）数据

BIAD优秀工程设计2017/北京市建筑设计研究院
有限公司主编 . – 北京：中国建筑工业出版社，
2018.06
ISBN 978-7-112-22177-6

Ⅰ.① B… Ⅱ.①北… Ⅲ.①建筑设计 – 作品集 – 中
国 – 现代 Ⅳ.① TU206

中国版本图书馆 CIP 数据核字（2018）第 091121 号

责任编辑：徐晓飞　张　明
责任校对：焦　乐

BIAD 优秀工程设计 2017
北京市建筑设计研究院有限公司　主编
＊
中国建筑工业出版社出版、发行（北京海淀三里河路9号）
各地新华书店、建筑书店经销
北京雅昌艺术印刷有限公司制版
北京雅昌艺术印刷有限公司印刷
＊
开本：965×1270 毫米　1/16　印张：11¾　字数：240 千字
2018 年 6 月第一版　2018 年 6 月第一次印刷
定价：145.00 元
ISBN 978-7-112-22177-6
（32065）